自适应旋翼性能研究

Research on Adaptive Rotor Performance

韩　东　万浩云　张宇杭　著

U0389356

科学出版社

北京

内 容 简 介

本书较全面、系统地介绍了自适应旋翼性能方面最新研究进展和研究成果，主要包括变转速旋翼和变转速尾桨、变直径旋翼、智能扭转旋翼、桨叶变弦长旋翼和尾桨、加装格尼襟翼旋翼和独立桨距控制旋翼等，并对比了多种构型自适应旋翼性能提升效果。重点分析了变转速旋翼、智能扭转旋翼、桨叶变弦长旋翼和加装格尼襟翼旋翼的性能，这几种构型是目前自适应旋翼性能研究的重点和热点，也很可能是应用于未来直升机的几种自适应旋翼构型。本书理论联系实际、内容丰富、论述严谨，力求挖掘自适应旋翼技术在直升机飞行性能提升方面的潜力，从而为自适应旋翼技术发展奠定理论基础。

本书可作为直升机及其相关方面教学和科研人员的参考用书。

图书在版编目(CIP)数据

自适应旋翼性能研究/韩东，万浩云，张宇杭著. —北京：科学出版社，2021.9
ISBN 978-7-03-069878-0

Ⅰ. ①自… Ⅱ. ①韩… ②万… ③张… Ⅲ. ①旋翼-性能-研究
Ⅳ. ①V224

中国版本图书馆 CIP 数据核字(2021) 第 196477 号

责任编辑：惠 雪 曾佳佳 高慧元 / 责任校对：杨聪敏
责任印制：张 伟 / 封面设计：许 瑞

科学出版社 出版
北京东黄城根北街 16 号
邮政编码：100717
http://www.sciencep.com
北京九州迅驰传媒文化有限公司 印刷
科学出版社发行 各地新华书店经销
*
2021 年 9 月第 一 版 开本：720×1000 1/16
2021 年 9 月第一次印刷 印张：15 3/4
字数：317 000
定价：129.00 元
(如有印装质量问题，我社负责调换)

序

　　直升机以其优异的垂直起降、空中悬停以及全向飞行特性，经近百年的发展，在军民多方向的应用日益广泛；同时，对其特性的要求也不断提高。其中很重要的一方面是，比照固定翼飞机的优势，需要直升机提高最大飞行速度及改善经济性。此外，不同用户还有各自着重的改进需求，如低振动、低噪声、高性能、长寿命、简维护、大机动等。显然，各方面的改进都离不开旋翼技术的发展。

　　旋翼是直升机的升力面和推进器，又是最重要的操纵面和稳定器，是决定直升机特性的关键部件。另外，旋翼的工作条件极其艰难。直升机即使做简单的匀速直线飞行，旋翼的桨叶也处于时变的气流中，加之其挥舞、摆振、变距运动以及弹性变形运动，其气流环境和受力情况非常复杂，制约着旋翼效能的高水平发挥。近几十年来，旋翼空气动力学及旋翼优化设计技术都取得了长足发展，使直升机性能有了显著提升。但是，如果旋翼的运转和几何参数在飞行中固定不改，则不可能适应其时刻变化的气流环境，不会总是具有高效率。于是一个新的研究领域，即自适应旋翼，开始兴起。

　　研究自适应旋翼，目标是令旋翼能够在飞行中自行改变特性，以更好地适应环境条件，一方面可以发挥旋翼的潜能，提高直升机的飞行性能和经济性；另一方面，弱化或避免引起振动和噪声的不利影响。这一研究领域涉及空气动力学、结构动力学、控制理论与技术等多个学科，目前正是直升机科技界研究的前沿和热点。

　　该书内容取自韩东教授和他的团队近十年的部分研究成果，侧重于自适应旋翼的性能方面。韩东于 1997 年进入南京航空航天大学选择了飞行器设计专业，开始在直升机旋翼动力学国家级重点实验室学习和从事研究工作，2006 年取得博士学位，之后去美国深造四年，2010 年回到本实验室任教。他一直从事直升机动力学、旋翼气动弹性动力学以及旋翼飞行器飞行性能等方面的教学和研究工作。我很高兴地看到，韩东教授是位勤奋有为的青年学者，2020 年编写了教材《直升机结构动力学》，今年又完成这部著作。我希望不久以后能见到该书的姊妹篇，即自适应旋翼的动力学方面研究成果，为直升机减振降噪研究提供指导。以韩东在旋翼动力学方面的深厚基础，当会不负期望。

南京航空航天大学
直升机旋翼动力学国家级重点实验室
高正教授
2021 年 3 月

前　　言

　　直升机由于能在狭小的范围内垂直起降，并具有良好的低空、低速以及机动性能，在抗震救灾、海上急救、医疗救护、消防、资源探测、运输、侦察、跟踪、监视、攻击等民用和军用方面用途广泛。航时、航程、速度和升限等性能指标不高，一直是困扰直升机界的一个难题。前行桨叶激波和后行桨叶失速是导致直升机飞行性能指标相对不高的关键因素。直升机本质上并不是一种高速、高升限或者大航程飞行器。自直升机诞生之日起，提升直升机的飞行效率、速度、航时、航程和升限等性能指标一直是直升机领域研究中的重中之重。

　　旋翼被动设计，例如，旋翼桨叶翼型气动特性及分布的优化，桨叶负扭转的优化，在提升旋翼性能方面已经取得了显著的成效。被动旋翼可在某个或者局部飞行状态获得较优飞行性能，随着直升机飞行环境或者飞行状态的改变，旋翼偏离较优工作状态，飞行性能随之下降。旋翼被动设计实际上是参数设计的折中，直升机在整个飞行包线内难以发挥最佳的飞行性能。自适应旋翼技术最大的优势是能根据飞行状态的变化，优化旋翼参数，进而提升旋翼升阻比，以适应不同飞行状态和环境的需要，最大限度地提升旋翼性能。从功率节省方面来看，自适应旋翼主要减少旋翼诱导功率和/或旋翼型阻功率，达到节省旋翼需用功率的目的。

　　本书主要探讨自适应旋翼技术在降低旋翼需用功率、提升直升机飞行性能方面的研究进展，为自适应旋翼技术发展提供方向性参考。本书根据自适应旋翼构型以及本研究团队在自适应旋翼方面的研究成果，主要探讨了变转速旋翼、智能扭转旋翼、桨叶变弦长旋翼、加装格尼襟翼旋翼、变直径旋翼和独立桨距控制旋翼等构型自适应旋翼，根据最新的发展方向以及实现可能性，重点分析了变转速、智能扭转、桨叶变弦长和加装格尼襟翼等构型自适应旋翼性能，以及相关衍生构型自适应旋翼性能。

　　特别感谢南京航空航天大学直升机专业高正教授和张呈林教授，他们德高望重、知识渊博，对本书的结构框架、技术内涵、书写规范等提出了诸多宝贵意见和建议。本研究团队中多位研究生参与了本书的编写、绘图、校正等方面工作，他们是张勇刚、董晨、江期凰、王佳如、刘壮壮等，由于人数众多，不在此一一列举。正是有了他们的付出，本书才得以顺利出版，在此表示衷心的感谢！

　　本书所涉及的研究得到国家自然科学基金项目 (No. 11972181，No. 11472129)、直升机旋翼动力学国家级重点实验室基金项目、航空科学基金项目、旋翼空气动力学重点实验室基金项目等的资助，在此表示衷心的感谢！

　　由于作者水平有限，书中难免存在疏漏之处，还望读者批评指正！如有问题，请将相关问题发送至电子邮箱 donghan@nuaa.edu.cn，我们将在后续进行修订和完善。

韩　东

2021 年 3 月

目　　录

符　号　表

符号	中文含义	英文含义
A	面积	area
	幅值	magnitude
c	桨叶弦长	blade chord
C_d	阻力系数	drag coefficient
C_D	机体阻力系数	drag coefficient of fuselage
C_{d_0}	零升阻力系数	aerofoil zero-lift drag coefficient
C_H	旋翼阻力系数	rotor drag coefficient
C_l	升力系数	lift coefficient
C_m	力矩系数	moment coefficient
C_{M_X}	旋翼滚转力矩系数	rotor rolling moment coefficient
C_{M_Y}	旋翼俯仰力矩系数	rotor pitching moment coefficient
$C_{l\alpha}$	升力线斜率	lift-curve slope
C_P	功率系数	power coefficient
C_{P_i}	旋翼诱导功率系数	rotor induced power coefficient
C_{P_p}	整机废阻功率系数	parasitic power coefficient of fuselage
C_{P_0}	旋翼型阻功率系数	rotor profile power coefficient
C_T	拉力系数	rotor thrust coefficient
C_W	起飞重量系数	weight coefficient
C_Y	旋翼侧向力系数	rotor side force coefficient
D	阻力	drag
e	铰偏置量	hinge offset
E	弹性模量	elastic modulus
f	机体等效阻力面积	equivalent flat plate area of fuselage
F	力	force
	高度	height
h	桨毂中心到直升机重心垂向距离	vertical distance between rotor hub center and helicopter center of weight
H	旋翼阻力	rotor drag
	飞行高度	flight altitude
K	型阻功率因子	profile power factor
k_β	挥舞铰弹簧刚度系数	flap hinge spring constant
L	升力	lift
	尾桨桨毂中心到旋翼轴的距离	distance between tail rotor hub center and rotor shaft
m	桨叶线密度	blade mass per unit length
M	力矩	moment
M_x	滚转力矩	rolling moment
M_y	俯仰力矩	pitching moment
n	谐波数	harmonic number

符号	中文含义	英文含义
N_b	桨叶片数	number of blades
P	功率	power
q	动压	dynamic pressure
	广义坐标	generalized coordinate
Q	扭矩	torque
	广义力	generalized force
r	无量纲轴向坐标	non-dimensional axial coordinate
R	旋翼半径	rotor radius
t	时间	time
T	旋翼拉力	rotor thrust
u	轴向位移	axial displacement
u_e	轴向弹性位移	axial elastic displacement
U	势能	potential energy
U_P	垂直于桨盘平面的速度	out-of-plane velocity normal to rotor disk plane
U_R	沿桨叶径向速度	radial velocity along blade at disk plane
U_T	桨盘平面内切向速度	in-plane velocity parallel to rotor disk plane
v	摆振方向位移	displacement in lagwise direction
v_i	诱导速度	induced velocity
V	前飞速度	forward speed
W	起飞重量	weight
w	挥舞方向位移	displacement in flapwise direction
x	轴向坐标	axial coordinate
x_{CG}	直升机重心至旋翼轴纵向距离	longitudinal distance between helicopter mass center and rotor shaft
y_{CG}	直升机重心至旋翼轴横向距离	lateral distance between helicopter mass center and rotor shaft
Y	旋翼侧向力	rotor side force
α	迎角	angle of attack
α_s	纵向倾斜角	longitudinal tilt
β	桨叶挥舞角	blade flapping angle
β_p	桨叶预锥角	blade coning angle
β_{1c}	纵向挥舞角	longitudinal flapping angle
β_{1s}	横向挥舞角	lateral flapping angle
γ	桨叶洛克数	blade Lock number
ε	应变	strain
η	功率节省比	power saving ratio
	剖面坐标	sectional coordinate
θ	桨距角	blade pitch or feathering angle
θ_{tw}	桨叶预扭角	blade pretwist
θ_0	总距	collective pitch angle
θ_{1c}	横向周期变距	lateral cyclic pitch
θ_{1s}	纵向周期变距	longitudinal cyclic pitch
κ	诱导功率因子	induced power factor
	曲率	curvature
λ	旋翼入流比	rotor inflow ratio
λ_0	均匀入流	uniform inflow

续表

符号	中文含义	英文含义
λ_c	入流余弦分量	cosine component of inflow
λ_s	入流正弦分量	sine component of inflow
μ	旋翼前进比	rotor advance ratio
ρ	空气密度	air density
ς	剖面坐标	sectional coordinate
σ	旋翼实度	rotor solidity
ϕ	入流角	inflow angle of attack
	相位角	phase angle
ϕ_s	横向倾斜角	lateral tilt angle
ψ	方位角	azimuth angle
ω	频率	frequency
Ω	旋翼转速	rotor speed

上标

$$\overline{()} \quad ()/R$$

下标

符号	中文含义	英文含义
ns	傅里叶级数第 n 阶正弦量	n th sine harmonic of Fourier series
nc	傅里叶级数第 n 阶余弦量	n th cosine harmonic of Fourier series
MR	旋翼	main rotor
TR	尾桨	tail rotor
F	机身	fuselage

第 1 章 绪 论

本章主要介绍自适应旋翼相关知识、研究背景和分类等，重点总结国内外在自适应旋翼性能方面研究进展，并对自适应旋翼发展进行技术展望，以期从中凝练自适应旋翼性能的发展趋势，为后续自适应旋翼性能方面研究提供方向性参考和指导。本章最后对后续章节主要内容进行了介绍。

1.1 自适应旋翼

直升机在军事和民用方面用途广泛，与固定翼飞机相比，航时、航程、速度和升限等性能指标不高。前行桨叶激波和后行桨叶失速是导致直升机飞行性能指标相对不高的关键因素。Sikorsky(1960) 早就指出，直升机本质上并不是一种高速、高升限或者大航程飞行器。自直升机诞生之日起，提升直升机的飞行效率、速度、航时、航程和升限等性能指标一直是直升机领域研究中的重中之重。

旋翼被动设计，例如，旋翼桨叶翼型气动特性及分布的优化 (Fradenburgh, 1979)，桨叶负扭转的优化 (Gessow, 1947)，新型桨尖的设计 (Brocklehurst and Barakos, 2013; Yen, 1994; Yeo et al., 2004)，旋翼直径、转速和弦长等参数的选择 (Mcveigh and Mchugh 1984; Sikorsky, 1960) 等，在提升旋翼性能方面已经取得了显著的成效。被动旋翼可在某个或者局部飞行状态获得较优飞行性能，随着直升机飞行环境或者飞行状态的改变，旋翼偏离较优工作状态，飞行性能随之下降。例如，采用较大桨叶负扭转的旋翼可获得较好的悬停性能，但采用较小的桨叶负扭转有利于高速飞行；又如旋翼转速，悬停时采用较低转速可降低旋翼需用功率，前飞速度较大时，需采用较高的旋翼转速。旋翼被动设计实际上是参数设计的折中，直升机在整个飞行包线内难以发挥最佳的飞行性能。

自适应旋翼技术最大的优势是能根据飞行状态的变化，优化旋翼参数，进而提升旋翼升阻比，以适应不同飞行状态和环境的需要，最大限度地提升旋翼性能。从功率节省方面来看，自适应旋翼主要减少旋翼诱导功率和/或旋翼型阻功率，达到节省旋翼总需用功率的目的。本书主要探讨自适应旋翼技术在降低旋翼需用功率、提升直升机飞行性能方面的研究进展，为自适应旋翼技术发展提供方向性参考。

自适应旋翼 (Adaptive Rotor) 也被称为智能旋翼 (Smart Rotor)、主动旋翼 (Active Rotor) 或者变体旋翼 (Morphing Rotor)。狭义上来讲，自适应旋翼包括旋翼总体参数变化对应自适应旋翼构型，如变转速旋翼 (Variable Speed Rotor)、变直径旋翼 (Variable Diameter Rotor) 等；广义上来讲，自适应旋翼还包括桨叶参数变化对应自适应旋翼构型，如智能桨尖 (Active Blade Tip)、桨叶变弦长 (Variable Blade Chord) 和翼型变弯度 (Variable Airfoil Camber) 等广义自适应旋翼。

根据参数变化的范围，本书将自适应旋翼分为旋翼整体参数控制和单片桨叶参数控制，如图 1.1 所示。旋翼整体参数控制主要是指自适应旋翼改变整副旋翼的参数，如旋翼操纵量、旋翼转速和旋翼直径等。单片桨叶参数控制主要是指自适应旋翼改变单片桨叶参数，如桨叶翼型参数、桨叶桨距、桨叶扭转角分布和桨尖参数等，这些参数会根据飞行状态或者环境的不同而进行自我优化，达到提升旋翼性能的目的。翼型参数变化 (翼型变体，Airfoil Morphing) 又包括前缘缝翼 (Leading Edge Slat)、合成射流 (Synthetic Jet)、后缘襟翼 (Trailing Edge Flap)、格尼襟翼 (Gurney Flap)、变弦长 (Variable Chord) 和翼型变弯度 (Variable Airfoil Camber) 等。

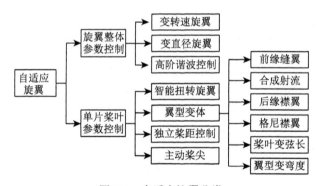

图 1.1   自适应旋翼分类

1.2   国外研究进展

1.2.1   变转速旋翼

Karem(1999) 最早提出最优转速旋翼 (Optimum Speed Rotor, OSR) 技术。飞行过程中，通过改变旋翼转速，优化旋翼升阻比、降低旋翼需用功率，以提升直升机航时、航程、升限和效率等飞行性能指标。该专利给出了不同起飞重量 (635kg、1179kg 和 1814kg) 时，最优转速和常转速旋翼直升机需用功率，如图 1.2 ~ 图 1.4 所示。起飞重量较小时，优化旋翼转速可显著降低旋翼需用功率，随着起飞重量的增加，优化旋翼转速所带来的功率节省相对较小。旋翼最优转速随前飞速度增加而增大。起飞重量 1179kg 时，60kn 速度飞行时，优化旋翼转速可降低 45%

的需用功率、增加 82％的航时；80kn 速度飞行时，优化旋翼转速可降低 38％的需用功率、增加 61％的航程。最优转速旋翼更加适合于直升机在较低前飞速度和较小负载飞行时提升旋翼性能。

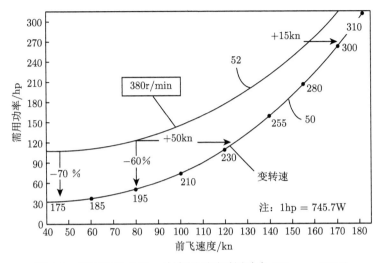

图 1.2　起飞重量 635kg 在海平面时需用功率 (Karem, 1999)

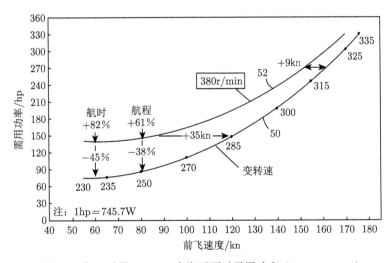

图 1.3　起飞重量 1179kg 在海平面时需用功率 (Karem, 1999)

　　Prouty (2004) 从直升机悬停效率、航时、航程和最大飞行速度等方面阐述了旋翼变转速技术的优势。该文献考虑了发动机特性对旋翼转速优化的影响，旋翼需用功率最小并不意味着发动机油耗最低，因为两者对应的最优转速很可能不一致，虽然该文献采用的分析模型比较简单，但该研究内容非常重要。常规直升机较少采用旋翼变转速技术，主要还是由于振动问题，尤其是接近共振转速时的共振问题。分析表明，旋翼变转速技术不仅可用于提升直升机悬停性能，还可以提升其航时、航程和最大飞行速度等性能指标。

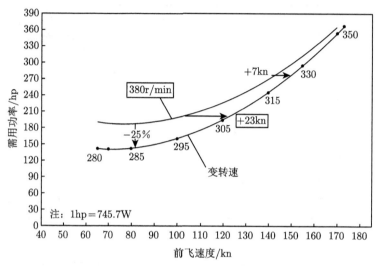

图 1.4　起飞重量 1814kg 在海平面时需用功率 (Karem, 1999)

Steiner 等 (2008) 研究了旋翼转速变化对直升机性能和配平的影响，采用较为经典的方法预测直升机飞行性能。以 UH-60A 直升机为算例的分析表明，旋翼转速降低，旋翼总距和纵向周期变距增大；旋翼转速降低，桨叶所受离心力减小，桨叶预锥角随之增大；其他配平量，如机体俯仰和滚转姿态角、桨叶周期挥舞以及尾桨拉力等随旋翼转速变化不明显。降低旋翼转速带来旋翼需用功率节省主要源于旋翼型阻功率的降低，而转速变化对旋翼诱导功率的影响小很多。旋翼转速降低会伴随旋翼扭矩的增大，随飞行速度增加，扭矩增大，幅值减小。Steiner 等 (2008) 也指出，旋翼转速变化会带来一些潜在问题：① 旋翼转速变化，旋翼传给机体的激振频率随之改变，该激振频率有可能会接近机体固有频率，从而引起机体振动水平的增加；② 旋翼转速降低，旋翼动能随之减小，给直升机自转特性带来负面影响，进而影响直升机安全性；③ 旋翼转速降低，旋翼需增大桨距角以提供足够拉力，桨距角增大带来失速区扩大，旋翼产生更大拉力的潜力降低，直升机机动性能降低；④ 旋翼转速降低，桨叶离心力减小，直升机更易于受阵风的影响。

DiOttavio 和 Friedmann(2010) 以 A160T 无人直升机为背景，探讨了宽范围变化的旋翼转速在旋翼性能提升方面的优势。A160T 无人直升机的旋翼转速可降低至其基准值的 60%，尚未达到专利技术中的 40%(Karem, 1999)。飞行实测结果与理论预测吻合较好，说明最优转速旋翼技术可用于提升直升机航时、航程、升限和效率等性能指标,以及降低发动机燃油消耗。试验也表明,A160T 无人直升机的旋翼明显比许多其他类型直升机的旋翼安静,即噪声水平更低。从该方面研究可看出,旋翼变转速技术已可应用于工程实践。

改变旋翼转速一般有两种途径:主减速器改变传动比或者发动机控制出轴转速。例如,通过调节发动机转速来实现旋翼变转速,旋翼与发动机联动,旋翼转速变化带来发动机出轴转速变化,进而影响发动机的耗油特性,事实上发动机燃油消耗降低才意味着直升机需用功率下降。

Garavello 和 Benini(2012) 在采用旋翼变转速技术提升直升机性能的研究中考虑了发动机出轴转速变化对其耗油特性的影响,以 UH-60A 直升机为算例进行分析,旋翼最优转速根据桨叶最优载荷范围来确定,由于缺少 UH-60A 直升机旋翼桨叶载荷数据,采用文献 (Karem, 1999; DiOttavio and Friedmann, 2010) 中最优旋翼桨叶载荷数据。起飞重量 7257kg、飞行高度 500m、不同飞行速度时,需用功率、耗油率和单位时间油耗对比如图 1.5 ~ 图 1.7 所示。很明显,优化旋翼转速有助于降低直升机需用功率,但当发动机转速偏离额定转速时,发动机耗油率增加明显,导致直升机低速和高速飞行时,发动机油耗增加,优化旋翼转速不仅没有达到降低发动机耗油率的效果,反而使其增加。该研究的重要意义在于,说明了旋翼需用功率最小并不意味着发动机耗油最省,在优化旋翼转速提升旋翼性能时,需通盘考虑出轴转速对发动机耗油特性的影响。

基于上述研究,Misté 和 Benini(2012) 以发动机油耗最小为目标优化旋翼转速,考虑了转速变化对发动机耗油特性的影响,采用经典性能预测方法分析了旋翼转速对 UH-60A 直升机需用功率的影响。飞行高度 500m、起飞重量为 7257kg时,发动机燃油消耗 (油耗) 减少百分比随前飞速度变化如图 1.8 所示。很明显,以发动机耗油率最小为目标时,可通过优化旋翼转速降低悬停和大速度前飞时直升机燃油消耗。

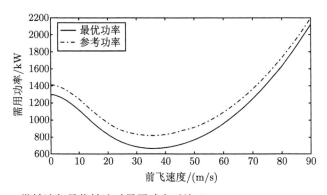

图 1.5 常转速与最优转速时需用功率对比 (Garavello and Benini, 2012)

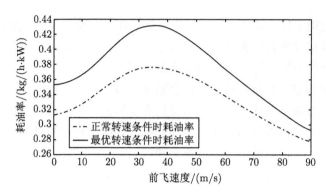

图 1.6　常转速与最优转速时发动机耗油率对比 (Garavello and Benini, 2012)

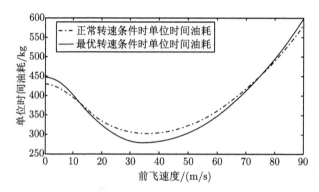

图 1.7　常转速与最优转速时发动机单位时间油耗对比 (Garavello and Benini, 2012)

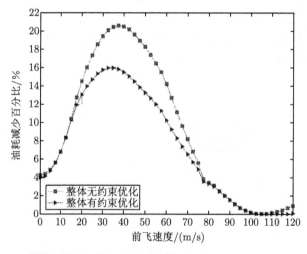

图 1.8　油耗减少百分比随前飞速度变化曲线 (Misté and Benini, 2012)

为进一步研究发动机油耗特性对旋翼最优转速的影响, Misté 等 (2015) 综合旋翼和发动机性能,以发动机油耗最小为目标优化旋翼转速,在原有研究的基础上 (Garavello and Benini, 2012; Misté and Benini, 2012),以叶素和动量理论为基础,采用翼型二维数据查表的方法计算翼型气动特性,考虑前行桨叶压缩性和后行桨叶失速的影响,探讨旋翼转速对发动机油耗的影响。图 1.9 给出了分别以旋翼需用功率最小为目标和以燃油消耗最小为目标时,发动机燃油消耗降低百分比随前飞速度变化曲线。悬停和小速度时,两者差异非常明显,如果以旋翼需用功率最小为目标,反而会带来发动机燃油消耗的增加,而以燃油消耗最小为目标时,可以节省燃油,随着前飞速度的增加,两者的效果非常接近。

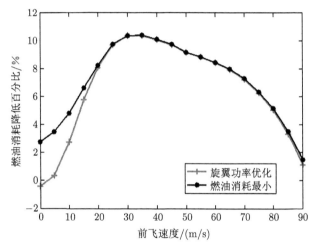

图 1.9 不同优化目标时燃油消耗降低百分比随前飞速度变化曲线 (Misté et al., 2015)

Mistry 和 Gandhi(2014) 以类似 UH-60A 直升机为研究对象,采用经典性能预测方法分析了旋翼转速变化对直升机需用功率的影响。旋翼转速变化被限定在 ±11% 额定转速范围内,海平面巡航飞行时,旋翼需用功率节省最多大于 14%。降低旋翼转速能较为有效地降低巡航小负载时的需用功率。较高飞行高度,或较大前飞速度和起飞重量时,由于失速的影响,功率节省效果变差。速度较小时,功率节省效果也变差。本书研究内容与文献 (Steiner et al., 2008) 类似,在此不再赘述。

为进一步提升变转速旋翼性能,Han 等 (2016b) 将桨叶变扭转技术应用于变转速旋翼。图 1.10 给出旋翼变转速、桨叶变扭转以及两者共同作用时,旋翼需用功率节省百分比的最大值。整体上来看,旋翼变转速技术所取得的功率节省优于桨叶变扭转技术。随着前飞速度增加,桨叶变扭转提升变转速旋翼性能的效果越来越明显,两者共同作用时功率节省效果优于单独作用效果,大速度时,提升效果有减小趋势。

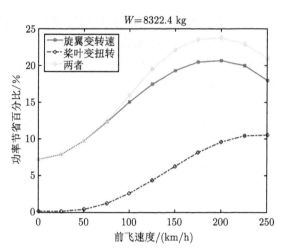

图 1.10   不同方法功率节省百分比对比 (Han et al., 2016b)

旋翼变转速技术已在欧洲蓝色直升机 (Bluecopter) 验证机上得到应用, 是该直升机提升飞行性能和降低噪声水平的关键技术之一。旋翼变转速技术也是高速直升机的支撑技术, 例如, 美国西科斯基公司的 X-2 共轴高速直升机验证机, 前飞时旋翼转速降低 20% 以减小空气压缩性影响, 从而提高最大飞行速度。由于本书围绕自适应旋翼在飞行性能 (效率) 提升方面进行研究, 旋翼变转速技术在高速直升机和低噪声直升机上的应用不在此赘述。

旋翼转速变化会带来旋翼激振频率的变化, 旋翼桨叶挥舞、摆振和扭转频率比随之变化, 这可能会导致严重的桨叶固有频率与激振频率共振问题。随着转速降低, 旋翼左右气流不对称增强, 从而恶化旋翼载荷状况。当然不仅是动力学问题, 旋翼变转速技术也会带来相关的重量代价、可靠性以及飞行品质等问题。目前, 2 转速旋翼已经在某些直升机上得到应用, 更多转速旋翼尚未见在直升机型号中得到应用。

1.2.2   变直径旋翼

桨盘载荷较小有利于提升旋翼悬停性能, 但会降低直升机高速前飞性能。为提升复合式直升机、停转翼飞行器和倾转旋翼飞行器高速飞行性能, 20 世纪 60 年代, 研究人员就提出了变直径旋翼概念 (Segel and Fradenbrugh, 1969), 悬停和小速度时采用较大旋翼直径, 高速前飞时减小旋翼直径, 从而兼顾悬停和高速性能。

为对比多种构型自适应旋翼提升旋翼性能的效果, Kang 等 (2010) 分析了旋翼直径对需用功率的影响, 如图 1.11 所示。悬停和小速度时, 旋翼诱导功率占主导, 增大桨盘面积有利于降低诱导功率, 虽然旋翼型阻功率增加, 但增加幅值小于诱导功率的节省，从而带来总功率的降低，而中等到大速度飞行时，旋翼型阻功率节省占主导，采用较小直径旋翼有利于降低需用功率。

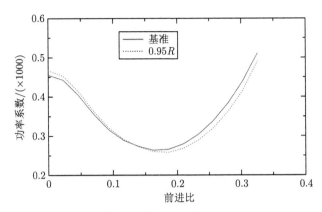

图 1.11　不同旋翼直径需用功率对比 (Kang et al., 2010)

Mistry 和 Gandhi(2014) 采用类似 UH-60A 直升机参数的通用直升机为算例，探讨了不同飞行环境时旋翼直径变化对旋翼性能的提升效果。分析指出，随着飞行高度的增大，直升机所能达到的最大飞行速度减小，但优化旋翼直径所能带来的功率节省效果越来越好；低速和高速前飞时，优化旋翼直径能带来更多的功率节省，而中等速度飞行时 (巡航)，优化旋翼直径所能带来的功率节省较小，尤其是低海拔飞行时，功率节省非常小。

由于实现难度太大，旋翼变直径技术尚未在直升机上应用，相关研究很少。

1.2.3　独立桨距控制旋翼

高阶谐波控制 (Higher Harmonic Control，HHC) 最早被应用于直升机旋翼振动主动控制，由于其在不旋转坐标系中，如图 1.12 所示，作动频率转换到旋转坐标系中就变为 $N_b - 1$、N_b 和 $N_b + 1$ 阶 (N_b 为桨叶片数)。对于 4 片桨叶旋翼，输入频率可为 3、4、5 阶，缺少 2 阶输入，难以在提升旋翼性能和降低旋翼噪声等方面得到应用。随后提出了基于桨距控制的独立桨叶控制 (Individual Blade Control，IBC)(Friedmann, 2014)，以克服输入频率的制约。独立桨距控制的输入位于旋转坐标系内，可以给单片桨叶提供不同阶次和不同幅值的桨距输入，如图 1.12 所示。

20 世纪 50 年代，研究人员就试图将高阶谐波控制用于直升机旋翼 (Payne, 1958)。Arcidiacono(1961) 将高阶谐波桨距控制用于延缓失速、提升直升机最大飞行速度，分析表明，典型常规直升机采用 2 阶桨距控制，最大飞行速度可增加约 25%，如采用 2 阶耦合 3 阶输入，最大飞行速度可增加约 30%。

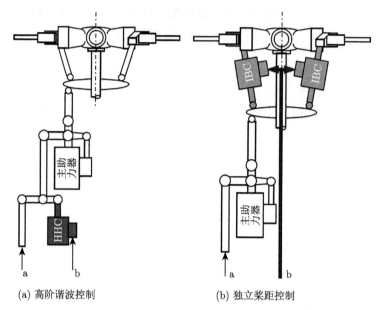

(a) 高阶谐波控制   (b) 独立桨距控制

图 1.12   高阶谐波控制和独立桨距控制示意图 (Friedmann, 2014)

波音公司的 Shaw 等 (1989) 通过风洞试验研究了 2 阶桨距对旋翼性能的提升, 试验采用 3 片 CH-47D 支努干直升机模型旋翼桨叶, 自动倾斜器产生高阶谐波输入, 试验结果证实, 第 2 阶谐波控制可用于提升高速飞行时旋翼性能, 风速 135kn 时, 旋翼需用功率节省 6%, 速度 160kn 时, 需用功率节省 4%, 对应谐波输入均为 2°。

Nguyen 和 Chopra (1992) 不仅探讨了高阶谐波控制对旋翼性能的提升, 同时也研究了其对操纵线系载荷的影响, 分析模型同样基于 CH-47D 支努干直升机模型旋翼 (Shaw et al., 1989)。拉力载荷 C_T/σ 为 0.08 时, 最优 2 阶桨距控制对旋翼性能的提升如图 1.13 所示, 桨距输入幅值为 2°, 功率系数表示旋翼诱导功率和型阻功率之和。随前飞速度增大, 功率节省先降低后增大, 100kn 速度时功率节省 1%, 160kn 速度时达到 3.8%。旋翼性能的提升会带来桨毂剪切载荷的明显增大。

为了探讨独立桨距控制对直升机桨涡干扰噪声、振动和功率消耗等的影响, NASA 联合多家单位在其低速风洞中进行了基于 BO-105 直升机旋翼的独立桨距控制系统试验 (Jacklin et al., 1993; Jacklin et al., 1995), 测试结果表明, 高速前飞时, 2 阶桨距输入最多可降低高达 7% 的旋翼需用功率, 速度较低时, 未观察到功率节省。试验表明独立桨距控制更适宜于降低高速飞行时旋翼需用功率。

Cheng 等 (2003) 通过分析 2 阶谐波桨距控制对旋翼性能的影响, 揭示了阻力系数分布发生变化是导致功率节省的物理机理。图 1.14 给出起飞重量为 7257kg 时,旋翼功率随 2 阶输入相位角变化曲线,前进比 0.3、输入幅值 1°、相位角 210° 时功率节省最多,2 阶输入增加了桨叶前行侧迎角,减少了前行侧桨尖型阻峰值。图 1.15 给出起飞重量 9979kg 时旋翼功率随 2 阶输入相位角变化曲线,前进比 0.3、输入幅值 1°、相位角 60° 时功率节省最多,2 阶输入降低了后行侧桨叶迎角,进而减少了失速区。

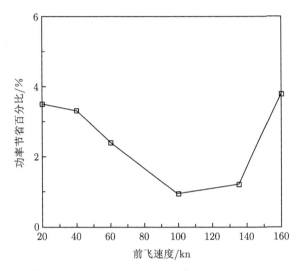

图 1.13   旋翼性能提升随前飞速度变化关系 (Nguyen and Chopra, 1992)

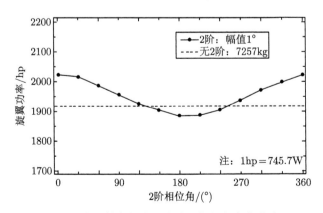

图 1.14   起飞重量 7257kg 时旋翼功率随 2 阶输入相位角变化曲线 (Cheng et al., 2003)

随后,Cheng 和 Celi(2005) 运用优化算法和更为精细模型研究了最优 2 阶桨距控制对旋翼性能的影响。结果表明,优化算法得到的最优值与参数扫描所得结果非常接近。基于不同诱导速度模型预测的旋翼需用功率最小值对应相位角非常接近，但功率幅值有一定差距。同样，基于刚性桨叶和柔性桨叶的最小功率预测，幅值差距较大，但对应相位角非常接近。

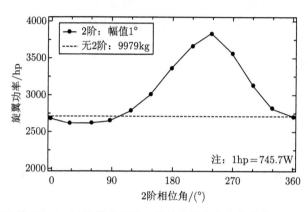

图 1.15　起飞重量 9979kg 时旋翼功率随 2 阶输入相位角变化曲线 (Cheng et al., 2003)

为验证独立桨距控制对旋翼性能提升以及振动、载荷和噪声的控制效果，NASA Ames 研究中心进行了独立桨距控制的全尺寸 UH-60A 直升机旋翼性能和载荷风洞测试 (Norman et al., 2009; Yeo et al., 2011)。试验配平了旋翼升力、前进力和桨毂滚转力矩，桨轴前倾角固定。图 1.16 给出前进比分别为 0.35 和 0.4 时旋翼功率测试值，当 2 阶桨距输入调节到适当相位角时，独立桨距控制可用于降低旋翼需用功率，最佳相位角为 225°、前进比为 0.4 时，1.5° 和 2.0° 均可达到最大功率节省，前进比为 0.35 和 0.4 时，功率节省最大分别可达 3.3% 和 5.0%，

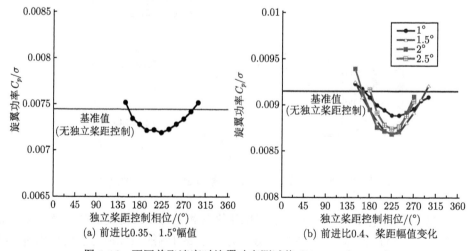

图 1.16　不同前飞速度时旋翼功率测试值 (Yeo et al., 2011)

速度较大时功率节省更多。该试验通过全尺寸旋翼试验确认了独立桨距控制用于提升旋翼性能的实际效果。

经过约 60 年的发展，独立桨距控制虽然在旋翼振动载荷和噪声控制以及旋翼性能提升等方面展现出巨大的潜力，但该系统在复杂度、可靠性、有效性、系统重量、费用以及载荷承受能力等方面的问题 (Kessler, 2011)，使得其尚未在直升机型号中得到应用。

1.2.4 智能扭转旋翼

研究人员很早就认识到桨叶负扭转可用于提升旋翼悬停和前飞性能 (Gessow, 1947; 1948)。负扭转可优化旋翼升力分布，增大桨叶内侧载荷，从而降低旋翼需用功率、提升旋翼性能。高速飞行时，桨叶负扭转也可推迟桨叶失速和延缓桨尖压缩性效应。制约智能扭转旋翼工程实现的主要难题在于能否产生足够大的桨叶扭转角。20 世纪 90 年代，压电材料开始应用于驱动桨叶扭转 (Chen and Chopra, 1997a; Chen and Chopra, 1997b)，由于桨叶扭转变形太小，难以应用于振动控制，更不用说旋翼性能提升。随着主动纤维复合材料 (Active Fiber Composite，AFC) 和宏纤维复合材料 (Marco Fiber Composite，MFC) 的应用 (Wilbur et al., 2002; Shin et al., 2005; Bernhard and Wong, 2005; Monner et al., 2008; Monner et al., 2011; Riemenschneider and Opitz, 2011)，桨叶主动扭转角最大已可达 4° (Monner et al., 2011)，对于旋翼振动和噪声控制已经足够，有望应用于提升旋翼性能。

Zhang 等 (2009) 采用弱 CFD/CSD(Computational Fluid Dynamics，CFD; Computational Structural Dynamics，CSD) 耦合方法，研究了桨叶主动扭转用于 BO-105 模型旋翼振动控制和性能提升，功率节省预估值高达 14%，该值明显过高估计了桨叶主动扭转降低旋翼需用功率的能力，但该结果表明桨叶主动扭转可用于提升旋翼性能。

Jr Boyd (2009) 同样采用弱 CFD/CSD 耦合方法研究了主动扭转降低旋翼噪声和提升旋翼性能的潜力。桨叶主动扭转 3 阶输入可同时降低中频噪声和 4 阶垂向桨毂振动载荷，但会带来源于型阻增加的旋翼升阻比的降低。

为对比多种构型自适应旋翼提升旋翼性能的效果，Kang 等 (2010) 分析了不同扭转角对旋翼诱导功率和型阻功率之和的影响，如图 1.17 所示。悬停和低速时，采用较大扭转角可有效降低旋翼需用功率，随着前飞速度的增大，减小负扭角有助于降低巡航和大速度时需用功率，但负扭角不宜太大。很明显，采用适当负扭角，如 −9°，可兼顾较好的低速和高速性能，如采用智能扭转旋翼，所取得的功率节省将会很小。该研究表明桨叶主动扭转对旋翼性能的提升效果有限。

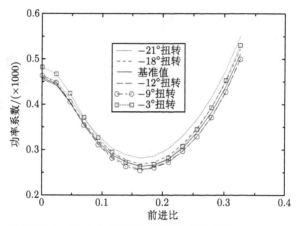

图 1.17   不同桨叶扭转时功率系数随前进比变化曲线 (Kang et al., 2010)

为对比后缘变形、前缘变形和主动扭转对旋翼性能的提升效果，Jain 等 (2010a) 采用基于升力线的性能预测模型和 CFD/CSD 耦合方法分析了高速 (C8534) 和大拉力飞行状态 (C9017) 时，这些主动控制方法对旋翼性能的提升效果。图 1.18 给出高速时主动扭转对旋翼升阻比影响 (升力线模型)，1、2、3 阶谐波输入时升阻比最多增大 3.2%、3.1%、1.8%，4 阶谐波输入时未见升阻比增大。CFD/CSD 耦合方法预测结果与升力线模型接近。升阻比的增大主要源于前行侧桨尖负载荷区域阻力未增大情况下的升力额外增大。大拉力前飞时，并未见主动扭转提升了旋翼升阻比。Jain 等 (2010b) 进而研究了主动扭转同时提升旋翼性能和降低载荷的能力，高速前飞时，4° 幅值的 2 阶输入可节省 3.3% 旋翼需用功率，同时带来 22% 的桨毂垂向载荷减少。

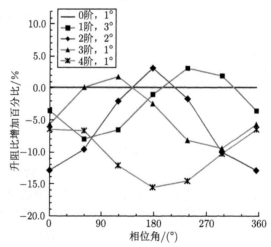

图 1.18   飞行状态 C8534 时主动扭转对旋翼升阻比影响 (Jain et al., 2010a)

前述相关研究都是基于桨叶扭转角随旋翼方位角不变的假设，Han 等 (2016a) 则研究了桨叶动态扭转对直升机飞行性能的提升效果，分析了桨叶扭转各阶谐波量对旋翼需用功率的影响，包括静态扭转和动态扭转，该文献以类似 UH-60A 直升机为样例，采用较为经典的刚性桨叶模型、二维翼型数据查表、3 状态入流和旋翼-机体耦合前飞配平模型等。图 1.19 给出桨叶静态扭转耦合各阶动态扭转时旋翼功率节省百分比，旋翼拉力系数为 0.0074。很明显，悬停和低速时功率节省效果不明显，随着前飞速度增大，节省效果变差，高速时效果显著，说明智能扭转旋翼更适宜于提升高速飞行时旋翼性能，且低阶动态扭转节省旋翼功率的效果明显高于高阶。分析也指出，旋翼功率的节省主要源于桨叶静态扭转 (0 阶)，动态扭转效果较小，起飞重量越大，桨叶扭转获得的功率节省越大。

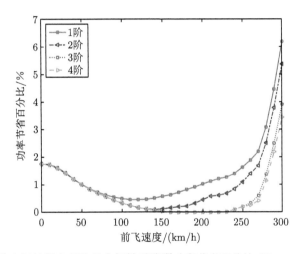

图 1.19　静态扭转耦合各阶动态扭转时旋翼功率节省百分比 (Han et al., 2016a)

智能扭转旋翼目前尚处于实验室阶段，仍有一些应用于工程实践的问题尚待解决，如重量代价、能量消耗、可靠性和维修性等，随着智能材料和结构技术的不断发展，很有可能将来应用于旋翼振动和噪声控制以及旋翼性能提升。

1.2.5　主动桨尖

旋翼桨叶尖部形状对旋翼气动特性影响显著，现代旋翼均会对桨叶尖部形状进行专门设计，主动桨尖通过改变旋翼桨叶尖部形状来改变作用在其上的气动力和力矩，以适应飞行环境和状态变化，从而提升旋翼性能。Bernhard 和 Chopra (2001，2002) 提出了一种主动桨尖构型，该构型实际上是改变桨叶尖部桨距角，相关结构设计和悬停试验验证了主动桨尖概念的技术可行性。目前，相关研究非常少。

1.2.6　前缘缝翼

前缘缝翼很早就应用于固定翼飞行器，用于延缓机翼上的气流分离和增大机翼的升力系数。在旋转翼上尚未得到实用，但进行过相关旋翼加装前缘缝翼的理论和风洞试验研究。

Banglore 和 Sankar(1996，1997) 较早开展了加装前缘缝翼旋翼气动特性研究，运用三维可压 N-S 方程计算了悬停和前飞时加装前缘缝翼旋翼性能，结果表明，前缘缝翼可显著提升大桨距时旋翼悬停性能，低桨距时旋翼悬停性能反而会降低。

Yeo 和 Lim(2002) 将前缘缝翼应用于提升 UH-60A 直升机旋翼性能，揭示了前缘缝翼对旋翼性能的影响机理。前缘缝翼是增升装置，小拉力载荷时，旋翼加装前缘缝翼，其升阻比反而降低，需用功率增大；大拉力载荷时，升阻比才会增大，如图 1.20 所示，需用功率随之减小。由此可知，前缘缝翼适宜于旋翼大负载状态，小负载反而会增大旋翼需用功率。

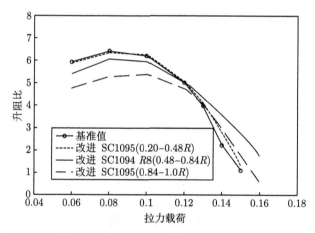

图 1.20　旋翼最大升阻比随拉力载荷变化 (Yeo and Lim, 2002)

通过风洞试验，Lorber 等 (2006) 确认了加装前缘缝翼旋翼前后性能变化，如图 1.21 所示，拉力载荷系数较小时，加装前缘缝翼会降低旋翼升阻比，拉力载荷系数较大时，旋翼升阻比增大。该研究从试验方面验证了前缘缝翼适宜于提升旋翼大负载时旋翼性能。

Mishra 和 Baeder(2016) 采用更为精细的方法分析了前缘缝翼对旋翼性能的提升效果。该研究以 UH-60A 载荷试验为基准，探讨了 40% 展长前缘缝翼用于推迟大拉力状态时 UH-60A 直升机旋翼的动态失速特性，基于 CFD/CSD 耦合方法的分析结果表明，该前缘缝翼可使旋翼的最大拉力增大超过 10%。

目前在旋翼上加装前缘缝翼的研究主要集中在理论分析，试验研究相对较少，尚未见其在直升机型号方面的工程应用。

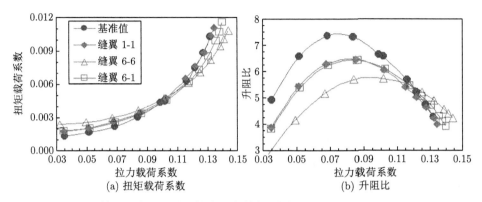

图 1.21 前进比为 0.3 时加装前缘缝翼前后性能对比 (Lorber et al., 2006)

1.2.7 后缘襟翼

卡曼伺服襟翼很早就被应用于卡曼直升机，通过伺服襟翼偏转驱动桨叶扭转，进而操纵旋翼，如图 1.22 所示。20 世纪 90 年代，Friedmann (2014) 团队就开始将后缘襟翼应用于旋翼振动控制，随后后缘襟翼被用于提升旋翼性能。

图 1.22 卡曼伺服襟翼

Liu 等 (2008) 将主动后缘襟翼应用于旋翼振动控制和性能提升，揭示了后缘襟翼提升旋翼性能机理：由于主动后缘襟翼的存在，桨盘上的非定常气动载荷分布得到改善，导致前行侧的功率损失减小，旋翼需用功率降低，进而提升了旋翼性能。大速度前飞时，后缘襟翼能延缓动态失速，达到降低振动载荷和节省功率的效果。

为确认后缘襟翼对旋翼振动、噪声和性能等方面影响，研究人员在 NASA 风洞中进行了加装后缘襟翼 MD 900 直升机旋翼振动、噪声和性能测试 (SMART 智能旋翼项目)(Straub et al., 2009)。试验数据表明旋翼升阻比变化在 1%左右，由于该值在试验误差范围内，难以判定后缘襟翼是否提升了旋翼性能。

随后，Potsdam 等 (2010) 采用 CFD/CSD 耦合方法对 SMART 旋翼性能、噪声和载荷等进行了分析，基于配平的 SMART 旋翼分析结果表明，不同襟翼配置、旋翼拉力以及前进比时，后缘襟翼对旋翼性能的提升效果可忽略甚至略有降低，大体上与试验数据一致。

Ravichandran 等 (2011) 分析了后缘襟翼对直升机振动控制和性能提升的效果。在扭转柔软的桨叶上加装正偏转的后缘襟翼，可以有效提升旋翼悬停效率，如图 1.23 所示。前进比为 0.4 时，较低阶的谐波输入后缘襟翼可降低 4%～5%的旋翼需用功率。

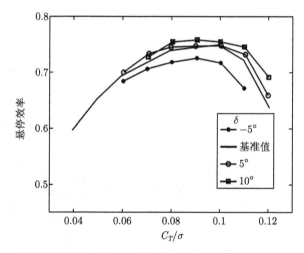

图 1.23　后缘襟翼偏转角度对悬停效率的影响 (Ravichandran et al., 2011)

后缘襟翼会驱动桨叶扭转，进而影响旋翼性能。为探讨扭转刚度对加装后缘襟翼旋翼性能的影响程度，Jain 和 Yeo(2012) 采用基于升力线的综合模型和 CFD/CSD 耦合方法，分析了大前进比时 UH-60A 直升机旋翼加装后缘襟翼后性能，如图 1.24 所示，较小的桨叶扭转刚度会降低旋翼升阻比。

为评估后缘襟翼对旋翼性能的影响，Lorber 等 (2012) 在风洞中测试了加装后缘襟翼旋翼的性能。稳态时，加装后缘襟翼旋翼悬停效率如图 1.25 所示，当后缘襟翼偏转角度较小时 (±3°)，旋翼的悬停效率变化较小，当偏转角度较大时 (−9°)，悬停效率降低幅值较大。

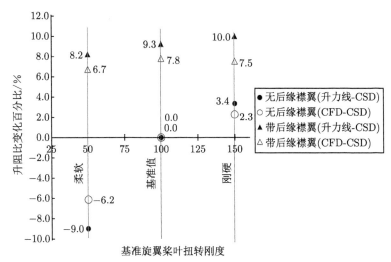

图 1.24 扭转刚度对加装后缘襟翼旋翼性能的影响 (Jain and Yeo, 2012)

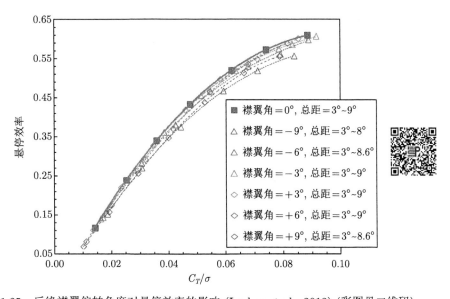

图 1.25 后缘襟翼偏转角度对悬停效率的影响 (Lorber et al., 2012) (彩图见二维码)

后缘襟翼与桨叶间连接存在的缝隙, 对加装后缘襟翼旋翼的性能有影响, Jain 等 (2012) 采用 CFD/CSD 耦合方法分析了该间隙与旋翼升阻比之间关系, 开缝后缘襟翼受到间隙的影响, 相比无缝襟翼, 旋翼性能降低, 间隙越大, 降低程度越大。

为尽量降低飞行包线内加装后缘襟翼旋翼的需用功率, Kody 等 (2013) 优化了后缘襟翼的非谐波输入量。图 1.26 给出最优输入时样例直升机需用功率节省百分比最大值，前进比为 0.3 时，功率节省最多可达 9.51‰。

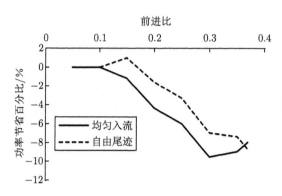

图 1.26　需用功率节省百分比随前进比变化曲线 (Kody et al., 2013)

随后，Kody 等 (2016) 进一步研究了较高阶谐波输入对加装后缘襟翼旋翼性能的提升和减振效果。基于 UH-60A 直升机的分析表明，通过优化单段和多段后缘襟翼的高阶谐波输入量，可以实现明显的功率节省和减振。优化单目标单段后缘襟翼，功率节省最多可达 9.81%，优化单目标两段后缘襟翼，功率节省效果变化不大，约为 8.9‰。

Wang 和 Lu (2014) 揭示了 2 阶动态变化后缘襟翼对旋翼性能的影响机理并作了参数分析。后缘襟翼降低旋翼需用功率源于旋翼后行侧迎角减小和前行侧迎角增大带来的型阻减少，后缘襟翼对性能的提升程度与桨叶失速程度紧密相关，速度越大、旋翼拉力越大，性能提升效果越好。

综上，后缘襟翼，理论上能较大幅度提升大速度和大负载时旋翼性能，但试验测试结果不够理想，这可能源于试验选取的飞行状态与理论分析选择的飞行状态不一致。加装主动后缘襟翼的 BK117 演示验证机在 2005 年就进行了首飞 (Roth et al., 2006)，飞行试验很好地验证了后缘襟翼的振动主动控制能力。从工程实践上来讲，后缘襟翼已可应用于直升机，但重量代价、能量消耗、可靠性以致适航性等可能阻碍了其在直升机型号中的应用。

1.2.8　格尼襟翼

格尼襟翼最先被用于改善一级方程式赛车的抓地性能、提高弯道速度 (Liebeck, 1978)，后来拓展到航空领域，发现其具有增升显著、构造简单以及高可靠性等优点。如图 1.27 所示 (图中，α 为迎角，V 为来流速度，c 为翼型弦长，β 为格尼襟翼安装角，d 为格尼襟翼弦长)，格尼襟翼是一块高度为翼型 1%～5% 弦长的平板，通常安装在翼型后缘的受压一侧，加装格尼襟翼会使翼型的升力系数和阻力系数同时增加，选取适当高度格尼襟翼，能使翼型升力增加的幅度大于阻力的增加，达到增大升阻比的目的 (Wang et al., 2008)。

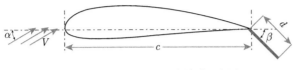

图 1.27 加装格尼襟翼翼型示意图

Kentfield (1993) 最早开展了加装格尼襟翼旋翼性能研究，发现在前飞状态下，格尼襟翼可有效提高后行桨叶的最大升力系数和升阻比，从而提升旋翼的性能。悬停和前飞时，旋翼的拉力可增大约 10%，这个结果也得到了风洞试验的验证。

Nelson 和 Koratkar (2004) 将格尼襟翼的应用范围拓展到微型旋翼飞行器。试验测试了总距在 $0° \sim 10°$ 范围内，旋翼拉力和需用功率的变化情况，如图 1.28 所示，旋翼拉力增大 $50\% \sim 70\%$，需用功率增加 $20\% \sim 30\%$，拉力与功率的比值总体提升量约为 30%。

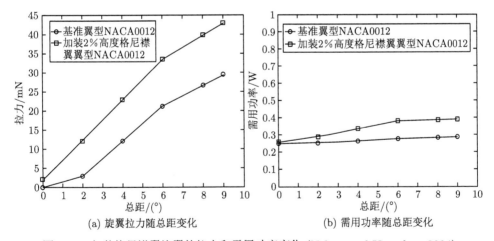

图 1.28 加装格尼襟翼旋翼的拉力和需用功率变化 (Nelson and Koratkar, 2004)

为更精确地描述格尼襟翼对翼型气动特性的影响，Kinzel 等 (2007) 建立了加装格尼襟翼翼型的非定常气动模型，探讨了微型尾缘效应器 (MiTE，即可部署的格尼襟翼) 对旋翼性能的影响。如图 1.29 所示，前飞速度较小时，直升机需用功率基本没有变化，前飞速度较大时，加装格尼襟翼可以显著地降低需用功率，这主要由于格尼襟翼延缓了后行桨叶的失速。直升机起飞重量较大时，后缘襟翼提升旋翼性能的效果更好。

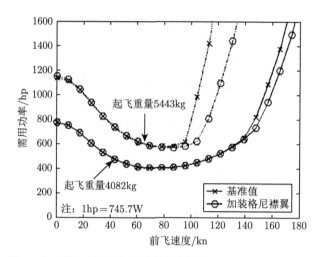

图 1.29　需用功率随前飞速度变化情况 (Kinzel et al., 2007)

　　Bae 等 (2009) 探讨了桨叶展向不同位置处格尼襟翼对旋翼性能的提升效果。以 UH-60A 直升机为样例的分析表明，最优布置时，大起飞重量或中等重量和高前飞速度组合时，旋翼需用功率节省最多高达 40%，后行侧的迎角也显著减小，有效缓解了旋翼的失速问题。中低起飞重量和较低前飞速度时，即使还未达到失速状态，格尼襟翼仍可有效地降低旋翼的需用功率 (高达 8.74%)，表 1.1 给出了不同前进比和起飞重量时需用功率的节省程度。

表 1.1　需用功率节省程度 (Bae et al., 2009)

起飞重量	前进比 0.3	前进比 0.35	前进比 0.4
7257kg	3.42%	4.03%	5.46%
8301kg	6.29%	8.74%	28.1%
9979kg	40%	—	—

　　Bae 和 Gandhi(2013) 同样以 UH-60A 直升机为样例，研究了加装 1 阶转动格尼襟翼对直升机性能的提升效果。研究表明，在旋翼 70%~80% 展向位置加装高度 2% 弦长的格尼襟翼，较大的起飞重量和高度时，旋翼的需用功率降低大于 11%。格尼襟翼提高了直升机的最大起飞重量 (约 454kg)、最大飞行高度 (427m) 以及最大前飞速度 (28kn)。图 1.30 给出了旋翼需用功率随起飞重量的变化，存在起飞重量临界点 (9525kg)，当起飞重量大于这个值时，加装格尼襟翼才能降低旋翼的需用功率，否则会起相反的作用。

　　加装格尼襟翼的 W3-Sokol 旋翼的分析再次确认了 (Pastrikakis et al., 2016)，格尼襟翼更适宜于提升直升机大速度和/或大负载时旋翼性能。

　　目前,格尼襟翼在 Bell 222U 直升机垂尾上得到应用,从实现角度来看,格尼襟翼相对后缘襟翼结构简单、更易于实现，而且驱动功率消耗明显小很多 (Palacios et al., 2014)，有望在未来直升机旋翼上得到应用。

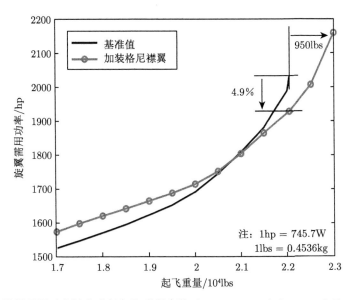

图 1.30　旋翼需用功率随直升机起飞重量变化 (90kn，2438m) (Bae and Gandhi, 2013)

1.2.9　桨叶变弦长

桨叶增大弦长可减小翼型剖面迎角、减小弦长可增大桨叶剖面迎角，通过在飞行过程中改变弦长可优化翼型剖面迎角及升阻比，从而降低旋翼需用功率、提升旋翼性能。

Léon 等 (2009) 研究了可伸展弦长桨叶段用于扩展旋翼飞行器飞行包线。图 1.31 给出了 10886kg 起飞重量、2438m 飞行高度时 UH-60A 直升机需用功率随前飞速度变化关系，翼型增大弦长可明显提高直升机最大飞行速度并降低需用功率，究其原因，增大弦长可提高失速主导飞行状态旋翼性能。该文献中可伸展弦长翼型气动模型是基于 NACA0012 翼型风洞测试数据，翼型弦长增大后，理论模型的预测精度可能不足，所得到的结果可能过于乐观。

可伸展弦长安装角对翼型气动特性、桨叶弹性变形和翼型非定常气动特性均有影响，Khoshlahjeh 和 Gandhi(2014) 在建模中考虑了这些因素对旋翼性能的影响。分析确认了桨叶可伸展弦长旋翼用于提升直升机升限、最大飞行速度以及起飞重量的效果，但较小起飞重量和较低飞行高度时，旋翼需用功率反而会增加。翼型弦长伸展后，桨叶低头方向的弹性扭转力矩增大，桨叶尖部低头方向弹性扭转角增大，桨叶尖部载荷向翼型弦长伸展处偏移，从而带来旋翼功率的节省，同时也伴随着小拉杆载荷的增大。

旋翼桨叶变弦长概念较新，相关研究较少，尚未见真实桨叶变弦长相关试验研究，该概念离实际应用还有较长的距离。

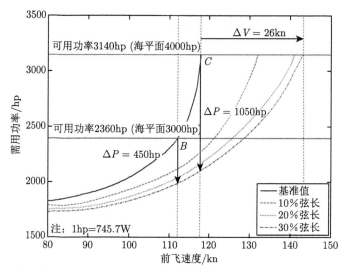

图 1.31   直升机需用功率随速度变化关系 (起飞重量 10886kg，飞行高度 2438m)

(Léon et al., 2009)

1.2.10   翼型变弯度

桨叶翼型剖面弯度变化带来翼型升力线斜率发生变化，从而改变翼型剖面迎角，进而优化翼型剖面升阻比，带来旋翼功率节省和性能提升。

Kumar 和 Cesnik(2015) 研究了翼型变弯度 (Active Camber Deformation) 用于旋翼性能提升和振动主动控制。基于 BO-105 模型旋翼的分析表明，前进比 0.33、旋翼拉力系数 0.008 时，翼型变弯度对旋翼性能的提升程度不大，均小于 4%，且会伴随桨毂某些谐波载荷的增大，难以达到载荷和性能同时提升的效果。

旋翼桨叶剖面刚度相对较大，要想改变其弯度难度很大，目前尚未见相关工程实现、试验和应用研究，离实际应用还有很长的距离。

1.2.11   性能提升对比研究

自适应旋翼构型较多，各种构型所获得的性能提升随飞行环境和飞行状态各不相同，为探讨各自适应旋翼构型是否更佳适应飞行环境和飞行状态，多位研究人员进行了自适应旋翼性能的对比方面研究。

Yeo(2008) 探讨了 7 种构型自适应旋翼提升旋翼性能的能力。该文献以 AH-64 直升机旋翼为样例, 桨叶翼型更新为 VR-12 先进翼型。基于 CAMRAD II 软件的分析结果表明, 前缘缝翼、变前缘下垂角、振荡射流和格尼襟翼可用于提升旋翼承载能力, 但这些构型自适应旋翼并不会增加 C_T/σ 为 0.0075 时的旋翼升阻比。采用 2 阶谐波输入时, 独立桨距控制、桨叶主动扭转和后缘襟翼可用于提升旋翼升阻比, 160 ∼ 200kn 速度范围内, 升阻比增加可达 6%, 巡航速度时可达 2% 左右。

Kang 等 (2010) 对比了多种构型自适应旋翼提升直升机旋翼性能的潜力, 采用中型通用直升机 (如 UH-60A 直升机) 作为算例, 分析了巡航 ($C_T = 0.0061$, $\mu = 0.186$) 和最大前飞速度 ($C_T = 0.0081$, $\mu = 0.398$) 时旋翼性能的提升程度。表 1.2 给出所分析构型自适应旋翼需用功率节省对比, 很明显, 巡航时, 旋翼变转速技术在提升旋翼性能方面优势明显, 最大前飞速度时, 1 阶变弦长提升旋翼性能效果更佳。

表 1.2　不同构型主动旋翼功率节省对比 (Kang et al., 2010)

主动旋翼类型	功率节省 (巡航)	功率节省 (最大前飞速度)
变转速	12%	—
准静态变弦长	6%	$1\%(\mu = 0.41)$
准静态主动扭转	3%	—
准静态变直径	3%	—
前缘缝翼	无	无
1 阶变弦长	—	$8\%(\mu = 0.41)$
1 阶前缘缝翼	1%	$2\%(\mu = 0.35)$

Jain 等 (2010a) 采用 CFD/CSD 耦合方法和升力线 (L-L) 方法研究了后缘变形、前缘变形和主动扭转对旋翼性能的提升效果, 如图 1.32 所示。以 UH-60A 直升机为样例, 表 1.3 和表 1.4 分别给出了高速 (C8534) 和大拉力 (C9017) 两种飞行状态时各自适应旋翼构型对旋翼性能的提升效果。由于后缘变形和主动扭转主要改善前行侧桨叶桨尖处气动特性, 更加适合于大速度飞行状态, 而前缘变形主要推迟了后行侧桨叶动态失速, 更加适合于大拉力飞行状态。当然该文献也指出, 低阶展开方式所获得的性能提升高于高阶方式。

图 1.32　带后缘变形、前缘变形和主动扭转桨叶示意图 (Jain et al., 2010a)

表 1.3 高速飞行状态 (C8534) 性能提升对比 (Jain et al., 2010a)

类型	展开方式	分析模型	有效升阻比增加	功率变化
后缘变形	非谐波	CFD	6.9%	−3.1%
		L-L	5.9%	−2.8%
后缘变形	1 阶、幅值 3°、相位 90°	CFD	8.4%	−3.7%
		L-L	7.6%	−3.4%
前缘变形	2 阶、幅值 5°、相位 0°	CFD	4.7%	−2.3%
		L-L	4.5	−2.2%
主动扭转	2 阶、幅值 2°、相位 180°	CFD	4.7%	−2.3%
		L-L	3.1%	1.5%
主动扭转	仅前行侧 4° 抬头方向扭转	CFD	7.3%	3.3%
		L-L	N/A	N/A

注: N/A 表示未计算该状态。

表 1.4 大拉力飞行状态 (C9017) 性能提升对比 (Jain et al., 2010a)

类型	展开方式	分析模型	升阻比增加	功率变化
后缘变形	稳态、向下 2°	CFD	1.7%	−1.4%
		L-L	3.6%	−3.0%
后缘变形	仅后行侧 5° 向下	CFD	12.0%	−9.0%
		L-L	7.1%	−5.6%
前缘变形	仅后行侧 10° 向下	CFD	18.2%	−14.9%
		L-L	8.9%	−6.9%
主动扭转	1 阶、幅值 1°、相位 180°	CFD	0.0%	0.0%
		L-L	0.6%	−0.5%

1.3 国内研究现状

与国外相比,国内开展自适应旋翼提升旋翼性能方面的研究相对较晚,研究所涉及的广度和深度相对有限,但在逐步有序展开。

韩东 (2013) 较早开展了旋翼变转速技术提升直升机飞行性能研究,分析表明,降低旋翼转速可明显降低旋翼需用功率、提升直升机飞行性能,旋翼转速变化对直升机配平影响明显,配平限制了旋翼工作于过低的转速,另外,旋翼转速过低反而有可能增加旋翼的需用功率。徐明等 (2013) 通过风洞试验证实了旋翼变转速技术提升悬停和前飞时旋翼性能的效果。为进一步提升变转速旋翼性能,徐明等 (2015) 优化了变转速旋翼桨叶负扭、尖削和翼型分布等参数,风洞试验验证了其对需用功率的降低效果。刘士明等 (2014) 通过分析指出,合理降低旋翼转速,可以使得直升机最大起飞重量时的需用功率降低 30%。

薛立鹏等 (2008) 研究了变直径倾转旋翼机气动特性,研究表明,旋翼变直径能有效提升倾转旋翼机气动效率。韩东等 (2015) 则分析了旋翼直径变化对直升机飞行性能的提升效果,研究表明变直径旋翼更适合于提升高速飞行时直升机性能。

王超等 (2014) 运用桨距主动控制提升旋翼性能，施加适当幅值和初相位的 2 阶桨距控制可以改善桨盘平面迎角分布，推迟后行侧桨叶失速和延缓前行侧桨叶激波影响，适宜于降低高速、大载荷飞行状态时旋翼需用功率。

崔钊等 (2012) 研究了加装格尼襟翼的自转旋翼气动特性，加装一定高度的格尼襟翼有助于降低自转旋翼的阻力，提升其性能。张勇刚等 (2016) 通过给旋翼加装格尼襟翼提升直升机飞行性能，文献中基于 UH-60A 直升机的分析表明，重量系数较小且前飞速度较低时，加装格尼襟翼反而会降低旋翼性能；在重量系数较大且高速前飞时，旋翼加装格尼襟翼能够显著降低直升机的需用功率。加装转动格尼襟翼提升旋翼性能的效果优于加装固定高度格尼襟翼。

韩东等 (2014) 研究了多种旋翼变体技术提升直升机飞行性能的效果，对比分析表明，在性能提升方面，旋翼变转速明显优于桨叶变弦长和桨叶变扭转，高速前飞时，相较于旋翼变转速，旋翼变直径能节省更多的功率。

国内在自适应旋翼提升旋翼性能方面的研究主要集中在旋翼变转速、旋翼变直径以及旋翼加装格尼襟翼等自适应旋翼构型，研究工作以理论为主、试验为辅，在工程实践方面开展研究较少。

1.4　自适应旋翼技术展望

自适应旋翼可根据飞行环境和飞行状态的变化，在飞行过程中优化旋翼参数，摆脱了制约旋翼被动设计难以兼顾多个飞行状态的约束，达到多个飞行状态飞行性能较优、充分发挥旋翼潜力的效果。本书重点梳理旋翼变转速、旋翼变直径、独立桨距控制、智能扭转旋翼、主动桨尖、前缘缝翼、后缘襟翼、格尼襟翼、桨叶变弦长、翼型变弯度等多个构型自适应旋翼技术在提升旋翼性能方面的研究进展。

从旋翼性能提升方面来讲，旋翼总体设计参数，如旋翼转速、旋翼直径，对旋翼性能影响较大，应优先考虑其用于提升旋翼性能的可能性。桨叶参数，如桨叶负扭转、翼型弦长、前后缘襟翼等，这些参数的变化对旋翼性能影响相对较小，在某些飞行状态时，如大负载、高速和高海拔，对旋翼性能影响较大，应重点在这些飞行状态考虑其提升旋翼性能的能力。

从工程实现方面来讲，自适应旋翼各具体构型的实现方式和难度不尽相同，有些已经在旋翼飞行器中得到应用，如旋翼变转速，预计将来会在旋翼飞行器中得到普遍应用；有些已经经过试飞验证，如独立桨距控制、后缘襟翼，将来有可能得到应用；有些尚处于实验室阶段，如智能扭转旋翼、格尼襟翼、前缘缝翼等，离实际应用还有一段距离；有些尚处于理论研究阶段，如旋翼变直径、主动桨尖、桨叶变弦长、翼型变弯度等，离工程实现还有相当长的一段距离。

国内在自适应旋翼方面的研究与国外相比，无论深度还是广度方面，仍有一定差距，应加强相关方面的研究。

从目前的自适应旋翼技术研究现状来看，以下方面将是未来自适应旋翼技术发展的重点。

(1) 多功能自适应旋翼研究。

自适应旋翼不仅可应用于提升旋翼性能，还可应用于诸如振动和噪声控制、稳定性增强以及飞行品质改善等方面。已有研究人员开展了自适应旋翼应用于同时提升旋翼性能和降低振动方面研究。是否可通过单构型自适应旋翼同时达到双目标甚至多目标的效果，将是未来自适应旋翼研究的重要内容之一。

(2) 复合构型自适应旋翼研究。

单一构型自适应旋翼有其优势，也有其不足之处。例如，旋翼变转速技术并不适用于降低直升机大速度飞行时需用功率，可采用另外一种自适应旋翼构型，如格尼襟翼或后缘襟翼，增强变转速旋翼直升机高速飞行性能。因此，将两种或两种以上构型自适应旋翼相复合，取长补短，扩展整个直升机飞行包线性能，将是未来自适应旋翼研究的重要内容之一。

(3) 新构型自适应旋翼研究。

自适应旋翼构型较多，本书探讨的构型有限，有些构型触及较少，有些构型的潜力尚未被充分挖掘，如合成射流，这些潜在的自适应旋翼构型对旋翼性能的提升程度如何，有待通过深入研究来确认。挖掘新构型自适应旋翼的潜在价值并提升旋翼性能，将是未来自适应旋翼研究的重要内容之一。

(4) 自适应旋翼技术工程实现。

自适应旋翼在提升旋翼性能或其他目标时，也会付出相应的代价，如重量、能量、可靠性、强度、刚度等，这些负面问题制约了自适应旋翼的工程实现，这些问题解决的好坏将对自适应旋翼的应用产生深远影响，这些问题的研究将是未来自适应旋翼研究的重要内容之一。

提升旋翼性能是旋翼技术发展的永恒主题，自适应旋翼将是未来先进旋翼技术发展的重点和热点之一。

1.5   本书主要内容

自适应旋翼构型众多，基于本课题组多年来的研究结合自适应旋翼技术发展趋势，本书主要研究了多种构型自适应旋翼性能，并对多种构型自适应旋翼性能进行了对比。本书内容具体如下。

第 1 章主要介绍自适应旋翼分类及各种构型自适应旋翼性能方面国内外最新研究进展，对自适应旋翼技术相关研究进行展望。

第 2 章主要介绍变转速旋翼和变转速尾桨。旋翼变转速技术是高速直升机的必备技术，是长航时无人直升机的核心技术，是低噪声直升机的关键技术，目前已应用于多种型号直升机，势必在未来直升机中广泛应用。

第 3 章主要介绍变直径旋翼。20 世纪六七十年代就开始研究变直径旋翼，由于实现技术难度太大，目前尚未得到应用。该章主要在所构建的旋翼性能分析模型基础上，探讨旋翼直径的变化对旋翼操纵、配平和性能的影响，进而探讨不同飞行状态变直径旋翼性能。

第 4 章主要介绍智能扭转旋翼。该章从线性动态扭转入手，然后分析非线性动态扭转对旋翼性能的影响，通过与 CFD 分析方法的对比验证分析模型的正确性，进而通过旋翼智能扭转技术提升变转速旋翼性能，并降低旋翼桨叶载荷。

第 5 章主要介绍桨叶变弦长旋翼和尾桨。该章主要采用静态和动态输入分析桨叶弦长变化对旋翼性能的影响，进而找到合理的弦长变化方式，从而将桨叶变弦长技术应用于变转速尾桨性能提升，提出了一种能根据尾桨转速变化自动改变弦长的方式，来提升尾桨性能。

第 6 章主要介绍加装格尼襟翼旋翼。格尼襟翼尺寸小，对旋翼气动特性影响大，是一种很有潜力的自适应旋翼构型。该章从加装格尼襟翼直升机飞行性能分析入手，进而将格尼襟翼推广应用于变转速旋翼和变转速尾桨，格尼襟翼的变化方式从低阶到高阶，从固定到可伸缩。

第 7 章主要介绍独立桨距控制旋翼。独立桨距控制通过单独控制各片桨叶的桨距提升旋翼性能。该章主要分析低阶和高阶桨距变化，以及多阶耦合变化桨距对旋翼性能的影响，进而探讨独立桨距控制提升旋翼性能的机理。

第 8 章主要对比多种构型自适应旋翼性能，主要包括变直径旋翼、变转速旋翼、桨叶变弦长旋翼和智能扭转旋翼。为对比多种构型自适应旋翼性能，先通过理论模型构建的评估函数进行对比，然后通过分析模型对样例直升机进行对比分析，从而对比多种自适应旋翼性能提升效果。

第 2 章　变转速旋翼和变转速尾桨

旋翼变转速技术是高速直升机、长航时直升机和低噪声直升机的关键支撑技术，目前已在多种型号的直升机上得到应用，有着广阔的应用空间。直升机根据飞行环境和飞行状态，优化旋翼转速，进而提升旋翼性能。与旋翼变转速技术类似，优化直升机尾桨转速同样可达到提升尾桨性能的效果。本章主要研究变转速旋翼和变转速尾桨的性能。

2.1　变转速旋翼性能

直升机由于能在狭小的范围内垂直起降，在抗震救灾、海上急救、消防、资源探测和军事等方面用途广泛。航时、航程、速度和升限等性能指标不高一直是困扰直升机界的一个难题。为提高直升机效率和性能，不同于一般固定旋翼转速直升机，旋翼变转速技术提供了一种可行且有效的技术途径 (Prouty, 2004; DiOttavio and Friedmann, 2010)，特别适用于长航时、大航程、高升限和高速等直升机。降低旋翼转速同样也可减少旋翼噪声，提高发动机、动力传动和减速器等零部件的寿命。XV-15 倾转旋翼机和鱼鹰倾转旋翼机 V-22 的旋翼均有两个工作转速 (Maisel et al., 2000)。美国正在研制的 A160 长航时无人直升机，采用了最优转速旋翼技术后，试验航时已接近 20 小时。三种不同构型的下一代重型运输直升机的技术方案均采用了旋翼变转速技术 (Johnson and Yamauchi, 2005)。Germanowski 等 (2010) 对比研究了几种不同型式的运输型倾转旋翼机，指出旋翼变转速和变直径技术优于定转速旋翼技术。西科斯基公司正在研制的 X2 演示验证机 (Blackwell and Millott, 2008; Bagai, 2008)，通过降低前飞时刚性旋翼的转速来减小前行桨叶桨尖速度，延缓激波影响，进一步提高直升机最大前飞速度。从目前几种已装备和正在研制的直升机所采用的旋翼技术可见：旋翼变转速技术将是旋翼技术研究和发展的热点和趋势之一。

近年来，随着旋翼变转速技术在 V-22 倾转旋翼机上的成功实现，再加上几种正在研制的新直升机均采用了此项技术，越来越多的研究人员开展了变转速旋翼技术方面研究。Prouty(2004) 研究了变转速旋翼直升机的总体性能，研究表明旋翼变转速设计可明显提高悬停升限、航时、航程和速度等性能指标。Steiner 等 (2008) 研究了旋翼变转速技术对直升机性能和配平的影响，旋翼转速限制在 ±15% 全转速范围以内，研究表明旋翼降低转速可明显提高直升机性能。Berry 和

Chopra(2011) 在风洞中测量了模型变转速旋翼的性能和振动载荷，测试表明降低旋翼转速有助于降低旋翼需用功率。Datta 等 (2011) 进行了旋翼低转速高前进比时的气动机械特性研究，试验发现后行桨叶逆弦长方向有动态失速现象。Kang 等 (2010) 对比了多种旋翼变体技术对旋翼性能的提升，研究表明旋翼变转速带来的直升机性能提升明显优于其他几种方式。国外对变转速旋翼的性能和配平的研究主要集中在转速变化对性能的提升和对配平的影响。目前，国内在有关变转速旋翼方面研究报道较少。

为研究长航时直升机旋翼转速大范围变化对其性能和配平的影响，本章在旋翼动力学综合模型的基础上，引入直升机前飞配平模型，以类似 A160 长航时无人直升机的样例直升机为分析对象，重点研究旋翼转速、飞行速度、起飞重量和飞行高度等主要影响参数对旋翼需用功率和配平的影响，为变转速旋翼直升机的设计提供理论支持。

2.1.1 旋翼动力学综合计算模型

旋翼动力学综合计算模型主要用于变转速旋翼的气动/机械动力学研究。根据 Hamilton 原理，考虑旋翼结构、运动、气动和控制等方面的强非线性耦合，建立基于广义力形式的旋翼动力学非线性方程，该综合模型及其验证见文献 (Han and Smith, 2009) 和 (Han et al., 2012)。本章采用了中等变形梁结构模型、桨叶刚性转动模型、Leishman-Beddoes 非定常气动模型和 Pitt-Peters 动态入流模型等子模型。给定初始操纵量和机体姿态值，该旋翼模型可以给出旋翼力和力矩，再将旋翼力和力矩代入直升机整机的平衡方程中，求解出机身姿态角和旋翼操纵量，将这些量再回代到旋翼模型中，这样不断地迭代直至收敛，就可得到各个状态量，计算流程如图 2.1 所示。

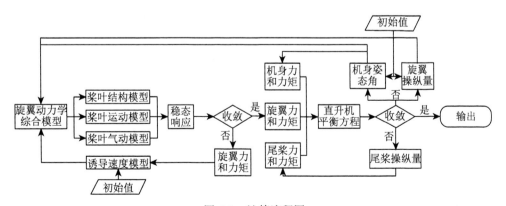

图 2.1   计算流程图

直升机前飞时的受力分析如图 2.2 所示。尾桨拉力自动平衡旋翼的反扭矩。

直升机平衡方程包括纵向、横向和垂向三方向力的平衡以及俯仰和滚转两方向力矩平衡，平衡方程如下：

$$C_T - C_W = 0 \tag{2.1}$$

$$C_D + C_H - C_T\alpha_s = 0 \tag{2.2}$$

$$C_Y + C_{Y_F} + C_T\phi_s = 0 \tag{2.3}$$

$$C_{M_Y} + C_{M_{Y_F}} + C_W(\bar{h}\alpha_s - \bar{x}_{CG}) - \bar{h}C_D = 0 \tag{2.4}$$

$$C_{M_X} + C_{M_{X_F}} + C_W(\bar{h}\phi_s - \bar{y}_{CG}) + \bar{h}C_{Y_F} = 0 \tag{2.5}$$

式中，C_T 为旋翼拉力系数；C_W 为起飞重量系数；C_D 为机体阻力系数；C_H 为旋翼阻力系数；α_s 为桨轴纵向倾斜角，机身低头为正；C_Y 为旋翼侧向力系数，向右为正；C_{Y_F} 为机身侧向力系数，包含尾桨侧向力；ϕ_s 为桨轴横向倾斜角，右倾为正；C_{M_Y} 为旋翼俯仰力矩系数；$C_{M_{Y_F}}$ 为机身俯仰力矩系数；C_{M_X} 为旋翼滚转力矩系数；$C_{M_{X_F}}$ 为机身滚转力矩系数；$\bar{h}$ 为桨毂中心到直升机重心垂向距离与旋翼半径的比值；$\bar{x}_{CG}$ 和 $\bar{y}_{CG}$ 为直升机重心分别到旋翼轴线纵向和横向的距离与旋翼半径的比值。

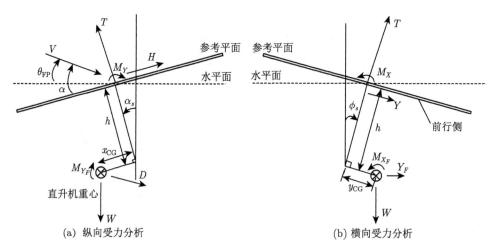

图 2.2   直升机前飞受力图

2.1.2   样例直升机参数

为有效地研究变转速旋翼直升机的性能及配平问题，样例直升机以 A160 长航时无人直升机为参考，表 2.1 列出了样例直升机的参数。计算中，假定机身只受气动阻力的影响，不考虑机身其他力和力矩影响。机身气动阻力系数取值为 0.004。

尾桨自动配平旋翼反扭矩。计算响应时，以 350r/min 全转速为基准，每隔 10r/min 计算一次直升机稳态响应，不断递减旋翼转速，直至在某转速时响应计算不收敛为止，此转速定为旋翼所能达到的最低转速，对旋翼转速限制无附加任何其他条件。旋翼转速变化不仅对旋翼需用功率有影响，同时还会对旋翼载荷、飞行性能和操纵等有影响，在工程应用中应结合其他条件，如振动水平等因素综合考虑，否则会带来飞行安全问题。

表 2.1 样例直升机参数

参数	数值
旋翼半径/m	5.5
桨叶片数	4
翼型	NACA0012
预扭角/(°)	−12
桨根弦长/m	0.46
桨尖弦长/m	0.23
根梢比	2.0
桨叶重量/kg	23.1
旋翼拉力/kg	$1000 \sim 2000$
旋翼转速/(r/min)	$150 \sim 350$
桨叶剖面挥舞刚度/(N·m²)	2.1×10^5
桨叶剖面摆振刚度/(N·m²)	7.1×10^6
桨叶剖面扭转刚度/(N·m²)	3.5×10^5

2.1.3 配平分析

当直升机的飞行高度为 0m、起飞重量为 1500kg 时，旋翼总距、横向周期变距、纵向周期变距、旋翼桨轴纵向倾斜角和旋翼桨轴横向倾斜角在不同旋翼转速时随前飞速度变化如图 2.3 ～ 图 2.7 所示。由图可以得到以下几个方面结论。

(1) 随着前飞速度的增加，总距随前飞速度的变化呈马鞍形的趋势。总距大小反映的是旋翼需用功率的变化。相同飞行状态 (速度、高度和起飞重量)，随着旋翼转速的降低，旋翼桨尖速度减小，为提供同样大的拉力，旋翼总距增加。旋翼转速降到一定值时，前进比不断增大，旋翼桨盘气流不对称性加剧，直升机难以配平。

(2) 悬停时旋翼没有挥舞运动，横向周期变距为零。随着直升机前飞速度的增大，横向周期变距先增大后减小再增大，这与直升机的功率变化以及尾桨拉力的变化有关。旋翼转速越大，横向周期变距越小。

(3) 随着前飞速度的增加，机身前飞阻力明显增加，为提供足够大的前进力，旋翼需向前倾，旋翼纵向周期变距增加。旋翼转速越大，纵向周期变距越小。

(4) 随着前飞速度的增大，桨轴纵向倾斜角增大，以提供足够大的前进力，即直升机的低头姿态增大。

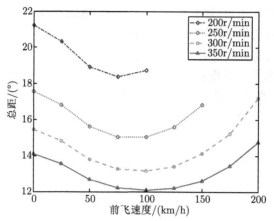

图 2.3 总距随前飞速度变化曲线

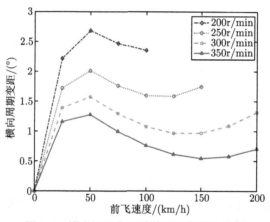

图 2.4 横向周期变距随前飞速度变化曲线

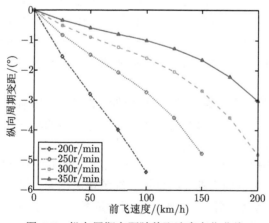

图 2.5 纵向周期变距随前飞速度变化曲线

(5) 随着前飞速度的增大，桨轴横向倾斜角角的绝对值呈马鞍形变化。为平衡尾桨的侧向力，桨轴横向侧倾角有类似旋翼需用功率的变化趋势。

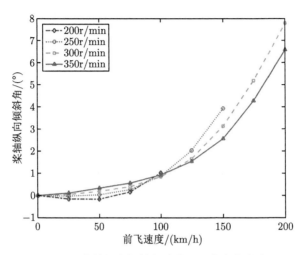

图 2.6　桨轴纵向倾斜角随前飞速度变化曲线

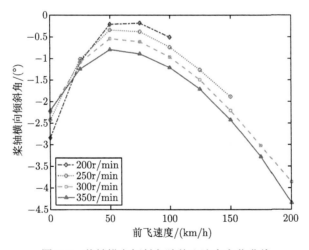

图 2.7　桨轴横向倾斜角随前飞速度变化曲线

前飞速度为 100km/h、飞行高度为 0m、起飞重量为 1500kg 时，旋翼操纵量随旋翼转速变化如图 2.8 所示，随着旋翼转速的增大，每片桨叶的离心力增大，旋翼的挥舞运动减弱，同时前进比减小，桨盘气流不对称性减弱，桨叶挥舞运动因而减小，纵横向周期变距的操纵也就减小。

机体姿态角随旋翼转速变化如图 2.9 所示。随着旋翼转速的增大，桨轴纵向倾斜角有小幅的减小后增加趋势，但变化不明显，幅值变化较小。旋翼需用功率增大，直升机的反扭矩也会增大，要平衡旋翼反扭矩，尾桨的拉力就相应加大，进而旋翼侧倾角增大，以平衡平尾拉力。

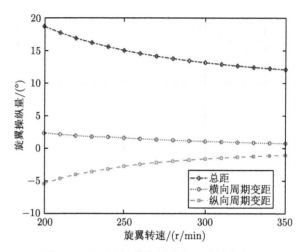

图 2.8 总距及纵横向周期变距随转速变化

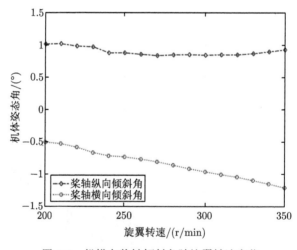

图 2.9 纵横向桨轴倾斜角随旋翼转速变化

2.1.4 性能分析

影响旋翼需用功率的主要飞行状态参数包括直升机起飞重量、前飞速度、飞行高度和旋翼转速等，本节主要探讨以上参数对旋翼需用功率的影响。飞行过程中旋翼的需用功率主要包括旋翼诱导功率、旋翼型阻功率和整机废阻功率三部分。

样例直升机在飞行高度为 0km、重量为 1500kg 时，不同旋翼转速下需用功率随前飞速度的变化如图 2.10 所示。整个需用功率曲线呈马鞍形，相同前飞速度时旋翼转速越小，直升机的需用功率就越小，特别是当旋翼转速比较高时，这种现象更加明显。旋翼转速 200r/min 时，功率曲线在大约 100km/h 处中止，响应计算在此处不收敛，随着旋翼转速的降低，桨盘左右气流不对称性增强，配平也越来越困难。由此可知，直升机是否可配平对旋翼转速有限制，旋翼不能工作于过低转速状态。

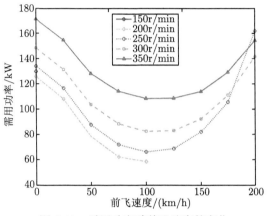

图 2.10　需用功率随前飞速度的变化

图 2.11 给出了变转速旋翼和常转速旋翼 (350r/min) 需用功率随前飞速度变化曲线对比，变转速旋翼可工作在 180~350r/min 中每 10r/min 间隔点处。由图可知，降低旋翼转速可大幅降低旋翼需用功率，在 100km/h 速度时，旋翼转速如由 350r/min 降到 200r/min，需用功率最多可降低 46.1%。200km/h 速度时，需用功率降低 10.8%，需用功率的节省减小，相应最低转速升高。由此可见，旋翼变转速技术可大幅降低直升机需用功率。

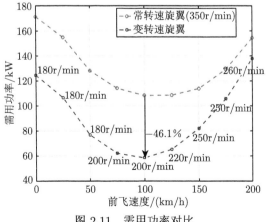

图 2.11　需用功率对比

　　前飞速度为 100km/h 时，需用功率随起飞重量的变化如图 2.12 所示。无论悬停状态还是前飞状态几条功率曲线近似呈直线，表明需用功率和起飞重量近似呈线性关系，起飞重量越大，需用功率越大。4 条曲线旋翼转速均差 50r/min，很明显，从 350r/min 到 200r/min 时，曲线之间距离在减小，即降低旋翼转速所带来的功率节省随转速降低也在减小。起飞重量大于 1600kg 时，旋翼转速为 200r/min 时，响应不收敛，直升机无法配平。

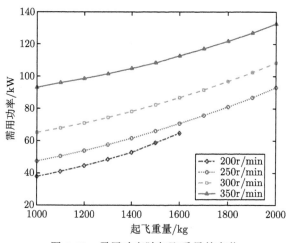

图 2.12　需用功率随起飞重量的变化

　　起飞重量为 1500kg、前飞速度为 100km/h 时，样例直升机需用功率随飞行高度的变化如图 2.13 所示。很明显，高转速时，旋翼需用功率大，低转速时旋翼

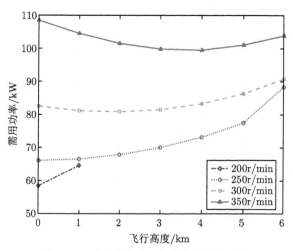

图 2.13　需用功率随飞行高度的变化曲线

需用功率减小，旋翼变转速可用于提升直升机升限。但在 200r/min 时，1km 及以上，直升机难以配平，这限制了旋翼转速的降低。

在飞行高度为 0km 和重量为 1500kg 时，需用功率随旋翼转速变化如图 2.14 所示。随着旋翼转速的增加，一般曲线都显示出需用功率增加。但在低转速时，降低旋翼转速所获得的需用功率节省已经很少，尤其在某些前飞速度下，如 0km/h 时，旋翼转速过低反而带来了需用功率的增加。旋翼转速过低，反流区增大，失速带来了更大的旋翼功率损失。因此，过度降低旋翼转速并不必要。

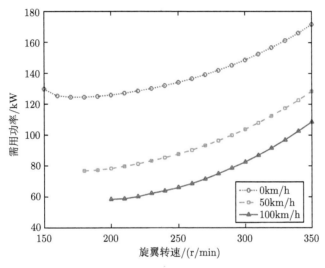

图 2.14 需用功率随转速变化曲线

2.2 变转速尾桨提升变转速旋翼性能

2.2.1 尾桨变转速技术

优化旋翼转速已被公认为是一种有效地降低旋翼悬停和前飞需用功率的方法 (Prouty, 2004; Horn and Guo, 2008; Steiner et al., 2008; Guo and Horn, 2009; DiOttavio and Friedmann, 2010; Kang et al., 2010; Mistry and Gandhi, 2014; Misté et al., 2015)。然而，改变尾桨转速以提升直升机飞行性能尚未被研究。这可能源于两方面原因：一方面，尾桨通常消耗的功率占整个直升机功率的小部分 (10%~20%)，虽然改变尾桨转速可节省部分尾桨功率，但对于整个直升机来讲，尾桨所节省的功率所占总功率比重更小；另一方面，变转速尾桨会引发附加重量和系统复杂性，进一步降低系统效率，从而抵消功率节省所带来的效率提升。

　　降低旋翼转速可有效降低低高度和轻起飞重量巡航时旋翼功率，虽然功率节省随着高度和/或起飞重量增加、速度减小而减小 (Mistry and Gandhi, 2014)。然而，需要注意的是，旋翼扭矩的增加会伴随旋翼转速降低，特别是在悬停和低速飞行时 (Horn and Guo, 2008)。为了抵消扭矩的增加，需增大尾桨拉力，这会增加尾桨需用功率，并减小直升机偏航操纵裕度。假如尾桨不能提供足够的拉力以平衡旋翼扭矩以及机动、阵风和侧风时足够的偏航操纵，通过降低尾桨转速来节省尾桨功率取得的效果可能有限。然而，在某些飞行状态，通过优化尾桨转速来节省需用功率可能会有价值。

　　通常，尾桨转速与旋翼转速比是固定的 (Misté et al., 2015)，改变旋翼转速意味着尾桨转速也以同样的比率改变。另一种选择是通过尾桨转速变速器或独立发动机来独立改变尾桨转速 (Lewicki et al., 2010; Saribay et al., 2007)。对于变转速旋翼，有三种改变尾桨转速的方法：① 尾桨保持恒转速；② 尾桨转速变化伴随旋翼转速变化，保持固定的传动比；③ 尾桨可独立变转速，以工作于最小需用功率对应的工作转速。

　　为了评估和对比变转速旋翼直升机的尾桨转速改变所带来的额外功率节省，构建了直升机功率预测模型。采用 UH-60A 直升机飞行测试数据来验证直升机模型的正确性。分析了三种尾桨转速变化策略时尾桨拉力和功率，以研究变转速旋翼技术所对应的变转速尾桨技术所带来的功率节省益处。

2.2.2　模型及其验证

　　本章构建了直升机功率预测模型。采用带铰偏置量和铰弹簧的刚性梁模型来模拟旋翼桨叶，通过调整铰偏置量和铰弹簧刚度来匹配桨叶挥舞基阶频率。根据当地合气流的流速马赫数和迎角，采用翼型气动特性查表方法计算桨叶叶素的升力和阻力系数。采用 Pitt-Peters 入流模型预测桨盘处旋翼诱导速度分布，该诱导速度模型可描述诱导速度在周向的一阶谐波变化。通过叶素理论计算各片桨叶根部的合力和合力矩，从而导出旋翼桨毂力和力矩。机体被处理为作用了气动力和力矩的刚体。作用于旋翼、尾桨和机体上的力和力矩构成了直升机平衡方程 (Leishman, 2006)，通过求解整机的平衡方程可获得旋翼总距、纵横向周期变距以及旋翼姿态角。平衡方程中没有考虑偏航方向的力矩平衡。

　　平衡旋翼反扭矩的尾桨拉力由旋翼扭矩除以尾桨与旋翼轴间距离确定，通过沿展向和周向的叶素积分来确定尾桨拉力和功率，尾桨诱导速度采用均匀诱导速度模型 (Leishman, 2006)。考虑尾桨倾斜角 α_{CANT}，平衡旋翼扭矩的尾桨净力可表示为

$$T_{\text{TR}}^{\text{net}} = F_{\text{TR}} T_{\text{TR}} \cos \alpha_{\text{CANT}} \tag{2.6}$$

式中，F_{TR} 为尾桨尺寸因子；T_{TR} 为尾桨拉力。处理垂尾对尾桨的堵塞效应可参

考文献 (Padfield, 2007; Lynn et al., 1970)，尾桨尺寸因子 F_{TR} 按以下公式计算：

$$F_{\mathrm{TR}} = 1 - \frac{S_{\mathrm{FN}}}{4 S_{\mathrm{TR}}} \tag{2.7}$$

式中，S_{FN} 为垂尾面积；S_{TR} 为尾桨面积。

采用文献 (Yeo et al., 2004) 中 UH-60A 直升机试飞数据验证直升机飞行性能模型的正确性。旋翼和尾桨参数列于表 2.2 和表 2.3 (Hilbert, 1984; Buckanin et al., 1985; Nagata et al., 1989)。机体阻力 D 按以下公式计算 (Yeo et al., 2004)：

$$\frac{D}{q} = 0.0158 + (0.064 \alpha_s)^2 \tag{2.8}$$

式中，q 为来流动压；α_s 为机体纵向倾斜角。直升机质心到旋翼桨毂的垂向距离为 1.78m。两种起飞重量时，旋翼功率与试飞数据对比如图 2.15(a) 所示；尾桨功率与试飞数据对比如图 2.15(b) 所示；转速降低 11% 时，功率节省百分比本章计算值与文献 (Mistry and Gandhi, 2014) 值对比如图 2.15(c) 所示。由图可明显看出，本章的旋翼和尾桨功率预测值与试飞数据一致，旋翼转速降低时，本章功率节省百分比预测值与文献计算值一致，说明本章所建立的直升机飞行性能模型能应用于旋翼需用功率和尾桨需用功率预测。

表 2.2　旋翼参数

参数	数值
旋翼半径	8.18m
旋翼额定转速	27.0rad/s
桨叶弦长	6.45%R
桨叶预扭	非线性
桨叶翼型	SC1095/SC1094R8
桨叶片数	4
挥舞铰外伸量	4.66%R
桨叶线密度	13.9 kg/m
桨轴前倾角	3°

表 2.3　尾桨参数

参数	数值
尾桨半径	1.68m
尾桨额定转速	124.6rad/s ($4.62\Omega_{\mathrm{MR}}$)
尾桨桨叶弦长	0.25m
尾桨叶预扭	$-18°$
翼型	SC1095
桨叶片数	4
尾桨距旋翼轴距离	9.93m

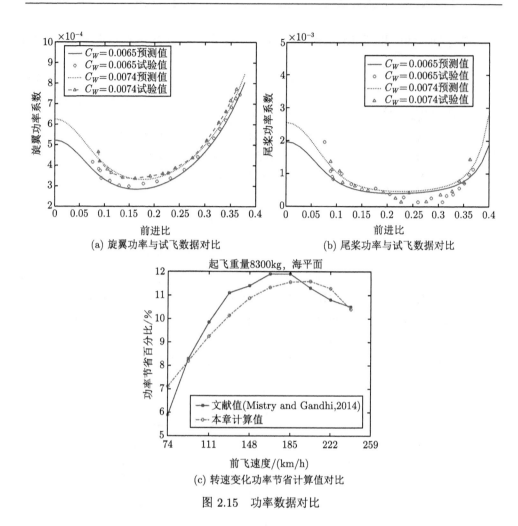

(a) 旋翼功率与试飞数据对比　　　　　　　　(b) 尾桨功率与试飞数据对比

(c) 转速变化功率节省计算值对比

图 2.15　功率数据对比

2.2.3　飞行性能分析

尾桨功率主要由与黏性阻力相关的型阻功率和与升力相关的诱导功率两部分组成,型阻功率主导了中速到高速飞行时的功率需求,降低尾桨转速可能会对这些飞行状态时尾桨功率产生重要影响。功率节省百分比定义为

$$\eta = \left(1 - \frac{P}{P_b}\right) \times 100\% \tag{2.9}$$

本章直升机功率指旋翼和尾桨的功率之和。在随后的分析中,研究了三种尾桨变转速策略:“固定 Ω_{TR}” 指的是尾桨转速保持恒定;“跟随 Ω_{MR}” 指的是传动比保持不变,尾桨转速随旋翼转速变化而变化;“最优 Ω_{TR}” 指的是尾桨可独立变转

速，工作于最小功率对应转速，为了确定最优转速，以 1% 转速为间隔变化计算尾桨功率，从而确定尾桨最小功率对应转速。旋翼额定转速时，直升机起飞重量系数为 0.0065。

1. 悬停

悬停时，旋翼需用功率和对应的功率节省百分比随旋翼转速变化如图 2.16 所示。旋翼转速降为额定转速的 73% 时，旋翼需用功率最小，功率最多节省 8.0%。需要注意的是，旋翼转速降低至额定值 80% 以下时，所获得的额外功率节省很小。

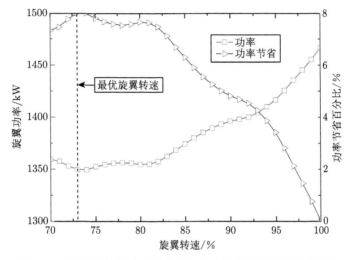

图 2.16　悬停时旋翼功率及其节省百分比随旋翼转速变化曲线

不同尾桨变转速策略时，尾桨功率及其对应功率节省百分比随旋翼转速变化如图 2.17 所示。尾桨功率随旋翼转速降低而增加，这源于尾桨拉力增大所带来的尾桨诱导功率增大。悬停时，通过优化尾桨转速来降低尾桨功率的潜力相当有限。当旋翼转速为额定转速、尾桨转速为额定转速的 81% 时，尾桨功率节省出现最大值，尾桨功率减少 3.15%，对应直升机功率节省仅 0.375%。悬停时，源于较小的功率节省，通过优化尾桨转速提升直升机性能，效果并不显著。

悬停时，直升机功率及其对应的功率节省百分比随旋翼转速变化曲线如图 2.18 所示。对应所有的尾桨变转速策略，以旋翼功率最小为目标的最优旋翼转速为 73% 额定转速，而以直升机功率最小为目标的最优旋翼转速为 82% 额定转速，这源于尾桨拉力的增大及其对应的诱导功率增加，以及随旋翼转速降低而缓慢减小的旋翼型阻功率。对于最优转速旋翼，有必要考虑尾桨功率的变化。最小功率所对应的旋翼转速范围的变化 (由 73% 变到 82%) 表明，由于转速不是降得那么低，传动系统会简化，从设计上来讲是有益的。

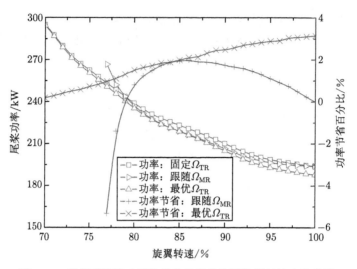

图 2.17　悬停时尾桨功率及其节省百分比随旋翼转速变化曲线

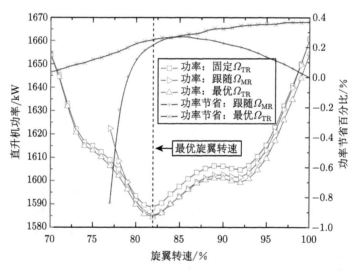

图 2.18　悬停时直升机功率及其节省百分比随旋翼转速变化曲线

　　图 2.19 给出悬停时平衡旋翼反扭矩所需的尾桨最大拉力随旋翼转速变化曲线，随旋翼转速降低，所需的尾桨最大拉力增大。图 2.19 也给出了三种不同尾桨转速变化策略时尾桨最大拉力：① 对于固定尾桨转速，尾桨所能产生的最大拉力明显大于平衡旋翼反扭矩所需的尾桨拉力，存在较大的尾桨拉力裕度；② 如果尾桨转速跟随旋翼转速变化，尾桨所能产生的最大拉力随旋翼转速减小而急剧减小，当旋翼转速降低至76%额定转速时 (即尾桨转速降低至其76%额定转速)，尾桨难以产生足够的拉力平衡旋翼的反扭矩；③ 如果尾桨工作于其最小功率对应转

速，尾桨所能产生的最大拉力明显小于固定转速时所能产生的最大拉力，机动时的偏航控制裕度随之减小。

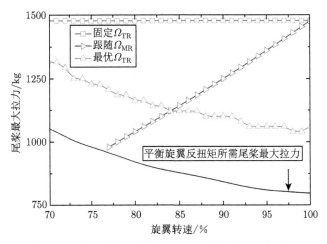

图 2.19 悬停时尾桨最大拉力随旋翼转速变化曲线

三种不同转速变化策略时尾桨转速随旋翼转速变化曲线如图 2.20 所示。由图可知，最优尾桨转速通常随旋翼转速降低而增加。较低或者较高旋翼转速时，如尾桨转速跟随旋翼转速变化而变化，尾桨转速与最优尾桨转速之间差距较大，因此，尾桨难以获得最多的功率节省。

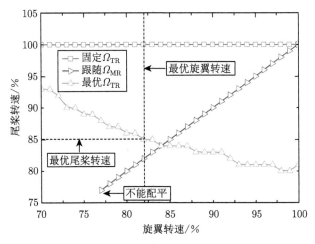

图 2.20 悬停时尾桨转速随旋翼转速变化曲线

2. 巡航

图 2.21 给出巡航速度 130km/h(前进比 0.13、100%旋翼额定转速) 时旋翼需用功率随旋翼转速变化曲线。对应旋翼最小需用功率的旋翼转速为 81%额定转速,相应的功率节省为 12.7%。很明显,巡航时降低旋翼转速可获得比悬停时 (8.0%) 更多的功率节省。

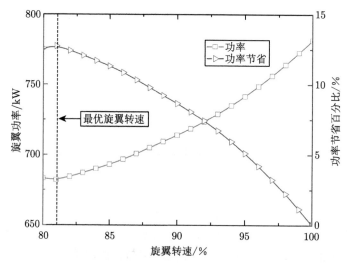

图 2.21　巡航时旋翼功率及其节省百分比随旋翼转速变化曲线

不同尾桨转速变化策略时,尾桨功率及其功率节省百分比随旋翼转速变化如图 2.22 所示。如采用固定尾桨转速或者最优尾桨转速,尾桨功率随旋翼转速降低而增加。当尾桨转速跟随旋翼转速变化时,尾桨功率通常会减小。优化尾桨转速可获得显著的额外功率节省。100%旋翼转速时,尾桨功率可减少 15.6kW(降低 37%),而悬停时仅节省 6.1kW。巡航时,源于所提供的尾桨拉力的减小,尾桨诱导功率会减小,尾桨型阻功率会随飞行速度的增大而增大,此时决定尾桨功率需求的主要是尾桨型阻功率。因此,优化尾桨转速以降低型阻功率,相较于悬停状态,巡航时可对尾桨功率产生更大的影响。

图 2.23 给出巡航时直升机需用功率及其对应的尾桨功率节省百分比随旋翼转速变化曲线。如考虑尾桨需用功率的变化,最优旋翼转速保持在 81%额定转速。通过优化旋翼和尾桨转速,直升机需用功率最多可节省 13.5%。其中,旋翼贡献了 12.1%的功率节省,尾桨贡献了 1.4%的功率节省。在 100%旋翼额定转速时,优化尾桨转速可减少 1.9%的直升机功率需求,然而,降低旋翼转速后,尾桨拉力增大进而带来尾桨需用功率增大,这使得功率节省从 1.9%缩减至 1.4%。假如所

节省的燃油重量大于为实现变转速而付出的结构重量，那么巡航状态优化尾桨转速技术值得应用于直升机设计。

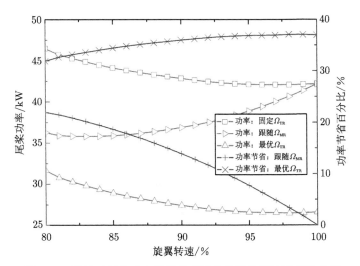

图 2.22 巡航时尾桨功率及其节省百分比随旋翼转速变化曲线

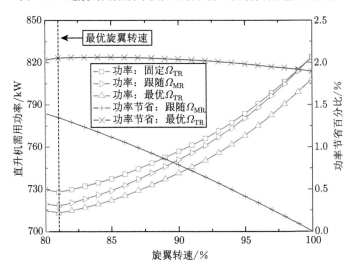

图 2.23 巡航时直升机需用功率及其节省百分比随旋翼转速变化曲线

平衡旋翼所需的尾桨拉力以及三种策略时的尾桨最大拉力如图 2.24 所示。尾桨需用拉力随旋翼转速降低而增大。然而，此时的拉力需求明显小于巡航时尾桨拉力，这源于巡航时旋翼功率降低进而带来平衡旋翼反扭矩的尾桨拉力减小。合理尺寸的尾桨如能在悬停和高速前飞时 (大功率状态) 提供足够的性能，巡航时其效率可能较低。对于固定尾桨转速和跟随旋翼转速的变化策略的尾桨，其所能提供的最大拉力比平衡旋翼反扭矩所需的拉力大很多。如优化尾桨转速，尾桨所能提供的最大拉力显著减小，这源于尾桨转速的降低，即对应尾桨最小需用功率。

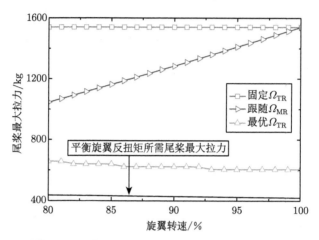

图 2.24   巡航时尾桨最大拉力随旋翼转速变化曲线

巡航状态不同转速变化策略时的尾桨转速如图 2.25 所示。此时的尾桨最优转速明显低于悬停时尾桨转速以及跟随旋翼转速变化时的尾桨转速，随着旋翼转速降低，尾桨最优转速有小幅增大。

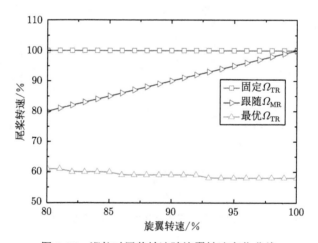

图 2.25   巡航时尾桨转速随旋翼转速变化曲线

3. 高速

前飞速度 300km/h 时，旋翼需用功率及其对应功率节省百分比如图 2.26 所示。高速飞行时，降低旋翼转速难以获得明显的功率节省。三种不同尾桨转速变化策略时，尾桨功率及其对应功率节省百分比随旋翼转速变化如图 2.27 所示。很明显，尾桨需用功率随旋翼转速降低而增大。当旋翼转速降低 5% 时，尾桨功率的增大量是尾桨转速固定策略时 100% 额定转速对应功率的 35.8%。高速飞行时，优化尾桨转速难以获得功率节省，这对旋翼转速的优化也没影响。

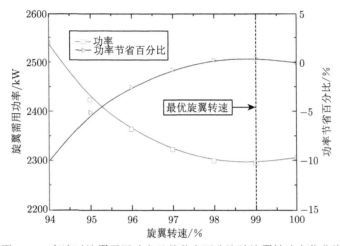

图 2.26 高速时旋翼需用功率及其节省百分比随旋翼转速变化曲线

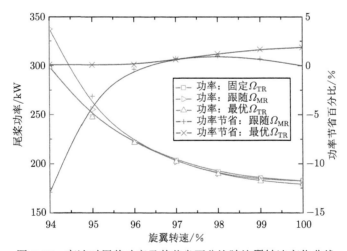

图 2.27 高速时尾桨功率及其节省百分比随旋翼转速变化曲线

4. 大拉力

为了探讨旋翼拉力水平对尾桨转速优化的影响，直升机起飞重量系数增大为 0.0074。对应基准状态及三种尾桨转速变化策略时直升机需用功率随前飞速度的变化如图 2.28 所示。优化旋翼和尾桨转速以降低直升机需用功率，最具潜力的状态是巡航。随前飞速度增大，直升机功率节省百分比先增加后减小再增大，对应的功率节省百分比如图 2.29 所示。悬停时，三种尾桨转速变化策略对应的功率节省在 2.0%左右。前飞速度 140km/h 时，功率节省百分比达到最大，固定尾桨转速、跟随旋翼转速变化和优化尾桨转速三种尾桨转速变化策略所能获得的最大功率节省分别达到 6.9%、7.7%和 8.3%，最大功率节省小于起飞重量系数为 0.0065 时对应的最大功率节省。优化尾桨转速相较于固定尾桨转速，可获得 1.4 个百分点的额外功率节省。

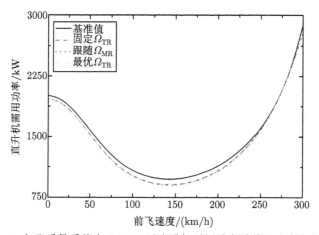

图 2.28　起飞重量系数为 0.0074 时直升机需用功率随前飞速度变化曲线

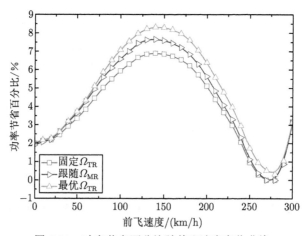

图 2.29　功率节省百分比随前飞速度变化曲线

不同最小功率对应的旋翼和尾桨转速随前飞速度变化曲线如图 2.30 所示。这些转速整体上明显大于较小起飞重量 (起飞重量系数 0.0065) 时转速。悬停和低速飞行时，对应于旋翼最小需用功率时旋翼转速，小于对应于直升机最小需用功率时旋翼转速，此规律与较小起飞重量时类似。尾桨最优转速随前飞速度降低直至巡航。巡航时，尾桨转速降至其 65% 额定转速；高速前飞时，增至额定转速。此规律不同于最优旋翼转速，这表明，如果尾桨转速跟随旋翼转速变化，就不会获得最大的功率节省。

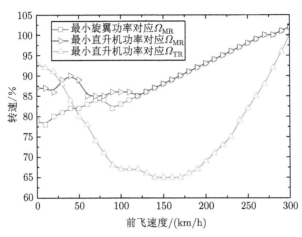

图 2.30　转速随前飞速度变化曲线

2.3　本章小结

为研究变转速旋翼直升机性能及配平特性，本章以旋翼动力学综合模型为分析手段，研究了旋翼需用功率和配平随旋翼转速、前飞速度、起飞重量和飞行高度等参数的变化，得到以下结论。

(1) 降低旋翼转速可明显降低旋翼需用功率，以 1500kg 为起飞重量和 0km 为飞行高度时，旋翼需用功率最多可降低 46.1%。

(2) 过度地降低旋翼转速会引发配平问题，同时过低的旋翼转速反而有可能带来旋翼功率的增加。

(3) 相同状态时，旋翼总距和纵横向周期变距均随旋翼转速的降低而增大。

(4) 旋翼桨轴的纵向倾斜角随转速变化不大，桨轴横向倾斜角随旋翼转速的降低而减小。

总之，旋翼变转速技术可用于提高直升机的航时、航程和升限等性能指标，将是直升机研究领域中的热点和重点之一。

本章构建了直升机飞行性能分析模型，以 UH-60A 直升机为算例，探索了尾桨变转速技术提升变转速旋翼直升机性能的潜力。通过 UH-60A 直升机的试飞数据验证了模型的正确性。旋翼和尾桨的功率预测整体上与试飞数据一致，表明所采用的方法可应用于分析旋翼和尾桨性能。通过本章研究得到以下结论。

(1) 悬停时，用于平衡旋翼反扭矩的尾桨拉力随旋翼转速降低而增大，这源于旋翼扭矩的增大。

(2) 悬停时，尾桨所能提供的最大拉力随旋翼转速的降低而显著减小，直至尾桨难以提供足够的平衡旋翼反扭矩的拉力。如在直升机整个需用功率中考虑尾桨的功率消耗，旋翼的最优转速会增大，旋翼转速最大降低幅值因而减小，这有利于变转速旋翼的设计。

(3) 巡航时，相较于悬停和高速飞行状态，优化尾桨转速可获得更多的功率节省。例如，功率节省最大值超过 30% 的基准尾桨功率，或者约 2% 的整个直升机需用功率。对应于旋翼最小需用功率的旋翼转速与对应于直升机最小需用功率的旋翼最优转速相同。

(4) 高速时，优化尾桨转速难以获得明显的功率节省。

(5) 直升机起飞重量增加时，改变旋翼和尾桨转速可获得的功率节省变得更小。

(6) 悬停时，尾桨最优转速接近于额定工作转速，巡航时急速下降，高速时增大。

(7) 优化尾桨转速可获得比尾桨转速跟随旋翼转速变化时更多的功率节省。

需要注意的是，本章所获得结果的精确数值仅限于所采用的直升机模型，对于采用不同平面形状、翼型、旋翼直径等参数的旋翼，最优的相关参数及性能提升水平可能会变化。无论如何，规律都将一致。优化中若考虑更多的参数，如弦长、预扭角等，可能会获得更多的功率节省。

第 3 章 变直径旋翼

从飞行性能方面来看，较大直径旋翼有利于降低直升机悬停需用功率，较小旋翼直径有利于提升直升机前飞性能。直升机如可在飞行过程中根据飞行状态和飞行环境变化来优化旋翼直径，那么就可降低不同飞行状态直升机需用功率，达到飞行性能全局提升效果。本章主要探讨变直径旋翼性能，通过探讨旋翼直径变化所带来的直升机配平和飞行性能变化来理解旋翼变直径技术。

3.1 引　　言

直升机与固定翼飞机相比最显著的特征就是较小的前飞速度、较短的航程、较低的升限以及较短的续航时间，因此如何提高直升机的性能是一项非常具有挑战性但也非常有价值的研究。直升机飞行状态的改变 (前飞速度、飞行高度和起飞重量)，将使旋翼工作在不同的升阻比状态，而通过优化不同飞行状态时的升阻比，就可以降低直升机需用功率，进而提升直升机性能。依据旋翼变体技术，在不同飞行状态时，改变旋翼参数是一种可行且有效地提高直升机性能的方法。如何确定选取哪个参数，并通过尽可能小的该参数变化以获得尽可能大的性能提升，是降低该技术实现难度的难题之一。通常我们习惯于将直升机需用功率表示为无量纲形式 (Leishman, 2006)，如将其表示为有量纲形式，可看出旋翼参数中旋翼直径对直升机需用功率影响最大，旋翼型阻功率中一项与旋翼半径呈 4 次方关系。也就是说，旋翼直径可能是用来提升直升机性能最为合适的变化参数。

通过改变旋翼直径来提升旋翼飞行器的性能并不是一个新的概念。在 20 世纪 60 年代后期，Segel 和 Fradenburgh(1969) 描述了伸缩旋翼飞行器变直径旋翼概念，并且阐述了其在高速以及低桨盘载荷垂直起降构型飞行器中对性能提升的益处。Scott(1991) 比较了几种高速飞行旋翼飞行器构型，结果表明变直径倾转旋翼是其中最好的构型之一。Fradenburgh 和 Matuska(1992) 指出，可变直径旋翼的倾转旋翼飞行器对于更好地将直升机与飞机的优点结合起来有重要意义。Davis 等 (1995) 进行了变直径倾转旋翼飞行器的气动优化设计，结果表明优化负扭转和弦长能显著地改善其性能。Prabhakar 等 (2007) 提出了运用离心力驱动的可变直径旋翼新概念，当旋翼转速从 0r/min 增加到 245r/min 时，利用增加的离心力的作用，旋翼桨叶长度能够增加 94mm。Mistry 和 Gandhi(2010) 研究了变直径旋翼和变转速旋翼对直升机性能的影响，变转速旋翼与变直径旋翼结合起来时比采用一种改变方式能获得更大的性能提升。Kang 等 (2010) 对中型通用直升机的巡航性能进行了分析并探究了几种旋翼变体技术, 这些旋翼变体概念均可用于提升直升机性能, 从结论中可以看出, 一些旋翼变体技术可获得比变直径旋翼更大的性能提升 (大约 3%), 这似乎低估了旋翼变直径技术对直升机性能的提升作用。

本章主要研究通过改变旋翼直径来提升直升机性能。先将旋翼综合动力学模型与机体模型相耦合, 采用前飞配平方法获得稳态时旋翼操纵量和机身姿态角, 进而得到直升机需用功率。然后探究旋翼直径变化对提高直升机性能的影响。最后, 探讨直升机起飞重量、飞行高度和前飞速度等参数对直升机性能的提升作用。

3.2 直升机建模

本章的直升机模型包括旋翼动力学综合模型、机体模型和前飞配平模型。旋翼动力学综合模型包含中等变形梁模型、桨叶绕铰链的刚性旋转、非线性准定常空气动力学模型以及 Drees 入流模型等。机体模型考虑了其所受气动力和力矩, 将其与旋翼动力学综合模型相耦合, 通过前飞配平求得稳态飞行时旋翼操纵量和机体姿态角, 从而得到直升机需用功率。

3.2.1 弹性桨叶模型

旋翼桨叶一般由复合材料制造, 采用中等变形复合材料梁模型来描述旋翼桨叶的非均匀和各向异性的特点, 该模型基于小应变和剖面有限转动的假设 (Hodges and Dowell, 1974; Johnson, 1998)。根据 Hamilton 原理, 应变能可以表示为

$$\delta U = \sum_{i=1}^{n} Q_i^E \delta q_i = \int_l \left(F_x \delta u_e' + F_y 2\delta\varepsilon_{12} + F_z 2\delta\varepsilon_{13} + M_x \delta\kappa_x' + M_y \delta\kappa_y + M_z \delta\kappa_z \right) \mathrm{d}l$$

(3.1)

式中, u_e、κ_x、κ_y 和 κ_z 为轴向弹性位移及桨叶剖面绕三坐标轴方向曲率; Q 为广义自由度 q 所对应的广义力, 上标 E 代表应变能。对于细长柔性旋翼桨叶, 通常剪切应变 ε_{12} 和 ε_{13} 可以忽略不计。弹性位移以及曲率为

$$u_e' = u' + \frac{1}{2}\left(v'^2 + w'^2 \right)$$

(3.2)

$$\boldsymbol{\kappa} = \begin{bmatrix} \kappa_x \\ \kappa_y \\ \kappa_z \end{bmatrix} = \begin{bmatrix} \phi' \\ -C_\theta w'' + S_\theta v'' \\ S_\theta w'' + C_\theta v'' \end{bmatrix}$$

(3.3)

式中，C_θ 代表 $\cos\theta$；S_θ 表示 $\sin\theta$。θ 等于弹性扭转角加上预扭角。考虑拉伸和扭转的非线性耦合项，剖面载荷可以表示为

$$
\begin{bmatrix} F_x \\ M_x \\ M_y \\ M_z \end{bmatrix} = \begin{bmatrix} S_{uu} & S_{u\phi} + \dfrac{1}{2}\phi' S_{uu} k_P^2 & S_{uw} & S_{uv} \\ S_{\phi u} + \phi' S_{uu} k_P^2 & S_{\phi\phi} & S_{\phi w} & S_{\phi v} \\ S_{wu} & S_{w\phi} & S_{ww} & S_{wv} \\ S_{vu} & S_{v\phi} & S_{vw} & S_{vv} \end{bmatrix} \begin{bmatrix} u'_e \\ \kappa_x \\ \kappa_y \\ \kappa_z \end{bmatrix} \tag{3.4}
$$

式中，S 表示刚度；k_P 表示剖面惯性矩，刚度矩阵可以通过显式的表达式或梁剖面分析软件计算得出 (Johnson, 1998; Cesnik and Hodges, 1997; Yu et al., 2001)。

3.2.2 动能

采用基于广义力形式计算动能的方法描述旋翼桨叶弹性变形和刚性转动间非线性耦合特性 (Zheng et al., 1999; Han et al., 2012)。对于无铰式旋翼，必须考虑旋翼桨叶绕变距铰的转动。在非旋转坐标系中，桨叶上任意点的位置矢量为

$$
\boldsymbol{R}^{\mathrm{T}} = \begin{bmatrix} d_{of} \\ 0 \\ 0 \end{bmatrix}^{\mathrm{T}} \boldsymbol{T}_{rs} + \begin{bmatrix} x+u \\ v \\ w \end{bmatrix}^{\mathrm{T}} \boldsymbol{T}_{pl}\boldsymbol{T}_{rs} + \begin{bmatrix} 0 \\ \eta \\ \varsigma \end{bmatrix}^{\mathrm{T}} \boldsymbol{T}\boldsymbol{T}_{pl}\boldsymbol{T}_{rs} \tag{3.5}
$$

式中，$\boldsymbol{T}_{rs}$ 为从旋转坐标系到桨毂坐标系的转换矩阵；$\boldsymbol{T}_{pl}$ 为从变距坐标系到旋转坐标系的转换矩阵；$\boldsymbol{T}$ 是从桨叶变形后坐标系到未变形坐标系 (变距坐标系) 的转换矩阵 (Han et al., 2012)。桨叶的动能变分为

$$
\delta T = \sum_{i=1}^{n} Q_i^{\mathrm{T}}\delta q_i = \sum_{i=1}^{n} \int_l \iint_A -\rho\ddot{\boldsymbol{R}}\cdot\frac{\partial\boldsymbol{R}}{\partial q_i}\mathrm{d}A\mathrm{d}l\delta q_i \tag{3.6}
$$

由动能产生的第 i 个广义力为

$$
Q_i^{\mathrm{T}} = \int_l \iint_A -\rho\ddot{\boldsymbol{R}}\cdot\frac{\partial\boldsymbol{R}}{\partial q_i}\mathrm{d}A\mathrm{d}l \tag{3.7}
$$

依照动能引起的切线质量、阻尼以及刚度矩阵的定义，这些矩阵可表示为

$$
M_{ij}^{\mathrm{T}} = \frac{\partial Q_i^{\mathrm{T}}}{\partial\ddot{q}_j} = -\int_l \iint_A \rho\frac{\partial\boldsymbol{R}}{\partial q_j}\cdot\frac{\partial\boldsymbol{R}}{\partial q_i}\mathrm{d}A\mathrm{d}l \tag{3.8}
$$

$$
C_{ij}^{\mathrm{T}} = \frac{\partial Q_i^{\mathrm{T}}}{\partial\dot{q}_j} = -\int_l \iint_A 2\rho\frac{\partial\dot{\boldsymbol{R}}}{\partial q_j}\cdot\frac{\partial\boldsymbol{R}}{\partial q_i}\mathrm{d}A\mathrm{d}l \tag{3.9}
$$

$$
K_{ij}^{\mathrm{T}} = \frac{\partial Q_i^{\mathrm{T}}}{\partial q_j} = -\int_l \iint_A \rho\left(\frac{\partial\ddot{\boldsymbol{R}}}{\partial q_j}\cdot\frac{\partial\boldsymbol{R}}{\partial q_i} + \ddot{\boldsymbol{R}}\cdot\frac{\partial^2\boldsymbol{R}}{\partial q_i\partial q_j}\right)\mathrm{d}A\mathrm{d}l \tag{3.10}
$$

3.2.3 气动力

桨轴上任意点相对当地气流的速度由飞行状态和桨叶运动共同确定。采用非线性准定常气动力模型，翼型的升力、阻力和力矩系数根据迎角和来流通过查表来确定。桨盘平面上诱导速度采用 Drees 入流模型来确定 (Leishman, 2006)，诱导分布如下：

$$\lambda_i = \lambda_0 \left(1 + k_x \bar{r} \cos \psi + k_y \bar{r} \sin \psi\right) \tag{3.11}$$

式中

$$k_x = \frac{4}{3}\left(\frac{1 - \cos \chi - 1.8\mu^2}{\sin \chi}\right) \tag{3.12}$$

$$k_y = -2\mu \tag{3.13}$$

λ_0 为动量理论预测的平均诱导速度；χ 为旋翼尾迹倾斜角；ψ 为桨叶方位角；μ 为旋翼前进比；$\bar{r}$ 代表 r/R，r 为径向坐标，R 为旋翼半径。

3.2.4 运动方程

根据 Hamilton 原理，基于广义力形式的非线性隐式动力学方程由桨叶的弹性势能、桨叶的动能以及气动力所组成的，运动方程为

$$Q_i^E(\boldsymbol{q}) + Q_i^{\mathrm{T}}(\boldsymbol{q}, \dot{\boldsymbol{q}}, \ddot{\boldsymbol{q}}, t) + Q_i^A(\boldsymbol{q}, \dot{\boldsymbol{q}}, t) = 0, \quad i = 1, \cdots, n \tag{3.14}$$

旋翼周期响应用隐式 Newmark 积分法来计算 (Owen and Hinton, 1980)，这种无条件稳定的隐式算法允许使用较大的时间步长，该步长由选取的精度所确定。建模的详细描述和验证过程见参考文献 (Han and Smith, 2009; Han et al., 2012)。

3.2.5 前飞配平

旋翼总距、纵横向周期变距以及 2 个机体姿态角是求解直升机 3 个力和 2 个力矩平衡方程的 5 个输入变量，如图 2.2 所示，输入控制向量为 $\boldsymbol{x} = [\,\theta_0 \quad \theta_{1c} \quad \theta_{1s} \quad \alpha_s \quad \phi_s\,]^{\mathrm{T}}$，目标向量为 $\boldsymbol{y} = \boldsymbol{0}$。平衡方程的无量纲化形式为

$$y_1 = C_T - C_W \tag{3.15}$$

$$y_2 = C_D + C_H - C_T \alpha_s \tag{3.16}$$

$$y_3 = C_Y + C_{Y_F} + C_T \phi_s \tag{3.17}$$

$$y_4 = C_{M_Y} + C_{M_{Y_F}} + C_W \left(\bar{h}\alpha_s - \bar{x}_{\mathrm{CG}}\right) - \bar{h}C_D \tag{3.18}$$

$$y_5 = C_{M_X} + C_{M_{X_F}} + C_W \left(\bar{h}\phi_s - \bar{y}_{\mathrm{CG}}\right) + \bar{h}C_{Y_F} \tag{3.19}$$

式中，C_T 为旋翼拉力系数；C_W 为起飞重量系数；C_D 为机体阻力系数；C_H 为旋翼阻力系数；α_s 为机体纵向倾斜角，机身低头为正；C_Y 为旋翼侧向力系数，向右为正；C_{Y_F} 为机身侧向力系数，包含尾桨侧向力；ϕ_s 为机体横向倾斜角，右倾为正；C_{M_Y} 为旋翼俯仰力矩系数；$C_{M_{Y_F}}$ 为机身俯仰力矩系数；C_{M_X} 为旋翼滚转力矩系数；$C_{M_{X_F}}$ 为机身滚转力矩系数；$\bar{h}$ 为桨毂中心到直升机重心垂向距离与旋翼半径的比值；$\bar{x}_{CG}$ 和 $\bar{y}_{CG}$ 为直升机重心分别到旋翼轴线纵向和横向的距离与旋翼半径的比值。当旋翼的周期性气动弹性响应收敛后，将得到的旋翼桨毂力和力矩代入平衡方程，从而求解出桨距操纵量和机体的姿态角，用得到的数值重新计算旋翼的气弹响应，直至旋翼响应和输入变量收敛时，就可以得到旋翼所消耗的功率。

3.3 性 能 分 析

旋翼变体技术可以改变旋翼的诱导功率和 (或) 型阻功率。在本章研究中，尾桨自动平衡旋翼扭矩，尾桨功率并未包含在直升机需用功率中。直升机需用功率主要包含旋翼诱导功率、旋翼型阻功率和整机废阻功率。

3.3.1 基准旋翼参数

采用四片桨叶的基准旋翼来研究旋翼变直径对直升机性能的提升。旋翼速度、旋翼半径、平均桨叶弦长和起飞重量与参考文献 (Karem, 1999) 所列基本一致，样例直升机参数如表 3.1 所示。作为性能分析，在机体模型中考虑气动阻力，在以下的分析中 f/A(机体阻力等效面积与桨盘面积比) 取为 0.004。

表 3.1　样例直升机参数

参数	数值
起飞重量	2000kg
旋翼半径最大值	5.5m
叶片数	4
翼型	NACA0012
桨叶预扭角	$-12°$
桨叶弦长	0.35m
旋翼转速	350r/min
桨叶线密度	4.2kg/m
桨叶挥舞刚度	$2.1 \times 10^5 \text{N} \cdot \text{m}^2$
桨叶摆振刚度	$7.1 \times 10^6 \text{N} \cdot \text{m}^2$
桨叶扭转刚度	$3.5 \times 10^5 \text{N} \cdot \text{m}^2$

3.3.2 性能分析

为了阐明旋翼变直径技术在降低直升机需用功率中的作用，将全长度直径的旋翼作为基准旋翼，与不同直径的旋翼比较其性能的变化，功率节省定义为

$$\eta = \frac{P_v - P_c}{P_c} \tag{3.20}$$

式中，P_v 是直径变化时旋翼的需用功率；P_c 是基准旋翼对应的需用功率，负值意味着直升机需用功率的节省和性能的提升。

图 3.1 给出了起飞重量为 1500kg、海平面上飞行、直升机旋翼采用不同半径时，旋翼总距随前飞速度的变化趋势。图 3.1 表明旋翼总距随前飞速度总的变化趋势，悬停时总距很大，随着前飞速度的增大，总距不断减小，到一定速度时总距达到最小值，之后速度继续增加，总距也将增大。很明显，随着旋翼半径的减小总距不断增加，旋翼半径的减小使得旋翼桨尖速度降低，用来产生旋翼拉力的桨叶面积也减小，为了保持整机的平衡，旋翼必须通过增加总距来增大迎角保持升力。

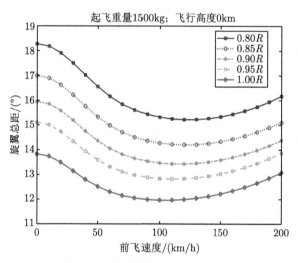

图 3.1 不同半径的旋翼总距随前飞速度的变化趋势

图 3.2 和图 3.3 给出了旋翼横向和纵向周期变距随前飞速度的变化关系，周期变距随着旋翼半径的减小而增大，旋翼半径的减小带来旋翼前进比的增加，这加重了前后行桨叶之间的气动力的不平衡，从而导致了周期变距随着旋翼半径的减小而增加。

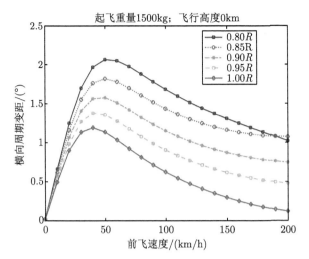

图 3.2 不同半径旋翼横向周期变距随前飞速度的变化趋势

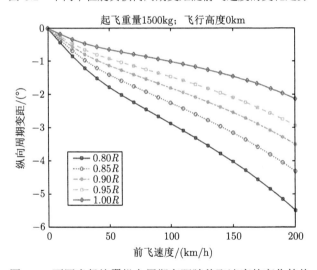

图 3.3 不同半径旋翼纵向周期变距随前飞速度的变化趋势

图 3.4 和图 3.5 给出了不同旋翼半径时，机体纵向和横向的倾斜角随前飞速度的变化趋势。从图中可以很明显地看出，随着旋翼半径的减小，机体纵向和横向的倾斜角不断减小。旋翼周期变距的增加带来旋翼纵向和横向挥舞幅值的增加，挥舞幅值的增加引发旋翼拉力倾斜更多，从而导致旋翼拉力在纵向和横向上的分力增加，为了整体上的平衡，机体纵向和横向的倾斜角度须减小。

旋翼半径减小，旋翼的型阻功率降低，同时使旋翼诱导功率增加，所以直升机功率是否增加要看两部分叠加的结果。悬停状态，旋翼的诱导功率一般要比旋翼型阻功率大很多，旋翼半径减小较大可能使直升机需用功率增加。高速度前飞状态，旋翼型阻功率通常要比旋翼诱导功率大，减小旋翼半径可以降低高速飞行时直升机需用功率。减小旋翼半径的另外一个好处是降低了高速飞行时旋翼桨尖速度，这意味着桨尖马赫数的降低，它可用于提高直升机最大前飞速度。

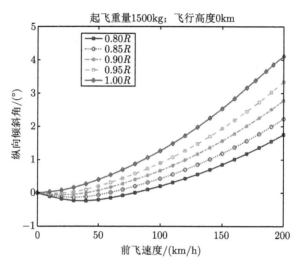

图 3.4 不同半径旋翼的机体纵向倾斜角随前飞速度的变化趋势

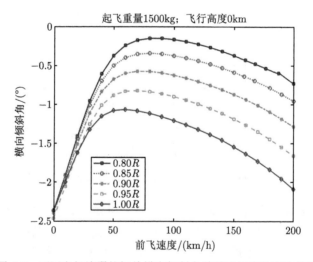

图 3.5 不同半径旋翼的机体横向倾斜角随前飞速度的变化趋势

图 3.6 给出了不同旋翼半径时的直升机需用功率随前飞速度的变化趋势。随着前飞速度的增加，需用功率先减小，然后增加。很明显，旋翼半径的减小使直升机在中高速飞行时的需用功率降低，尤其是在高速飞行时。

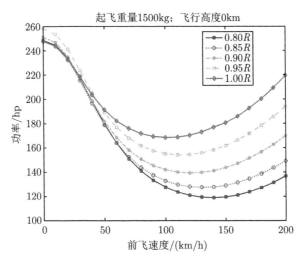

图 3.6 直升机需用功率随前飞速度的变化趋势

图 3.7 给出了不同旋翼半径时对应的功率节省百分比随前飞速度的变化趋势。很显然，随着前飞速度的增加旋翼需用功率降低，这意味着在高速飞行状态减小旋翼半径是降低直升机需用功率的一种有效方法。当前飞速度为 200km/h 时，对应 0.95R、0.90R、0.85R 和 0.80R 时的功率节省百分比分别为 11.5%、22.6%、32.0%和37.6%,当旋翼半径依次递减 5%时功率节省百分比分别为 11.5%, 11.1%, 9.4%和 5.6%,这表明随着旋翼半径的不断减小，直升机性能的提升幅值越来越小。因此，没有必要使旋翼半径变化幅度过大。

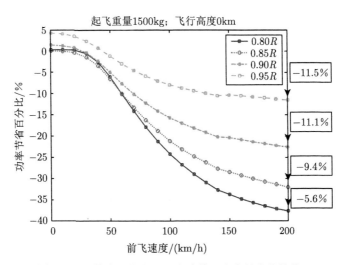

图 3.7 旋翼功率节省百分比随前飞速度的变化趋势

3.3.3 参数研究

图 3.8 给出不同起飞重量和旋翼半径时，直升机需用功率节省百分比随前飞速度的变化趋势。在直升机悬停和低速前飞状态下，当起飞重量为 2000kg 时，直升机需用功率随旋翼半径减少而增加，当起飞重量为 1500kg 时，功率变化不大。很显然，直升机起飞重量对变直径旋翼提升直升机性能有重要影响。低速前飞时，直升机功率节省百分比比较小，在中高速飞行时，功率减小的幅度明显增大。当旋翼半径是基准尺寸的 80%，前飞速度达到 200km/h 时，桨叶气动弹性响应将开始发散，旋翼半径减小得太多，将会使直升机无法提供足够的力和力矩来维持平衡。当速度为 200km/h、旋翼半径减为基准尺寸的 90% 时，需用功率减小 17.2%，而当直升机重量为 1500kg 时，该值为 22.6%。由此可见，通过旋翼变半径技术来降低直升机需用功率时，直升机起飞重量越小，功率节省百分比越大。

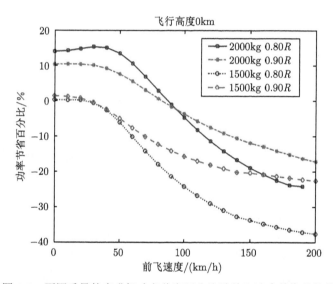

图 3.8 不同重量的直升机功率节省百分比随前飞速度的变化趋势

图 3.9 给出不同飞行高度时直升机功率节省百分比随前飞速度的变化曲线。当旋翼半径为基准值的 90% 且直升机悬停时，随着飞行高度的增加，功率增加比例明显增加，这不利于直升机性能的提升。当直升机在低中速飞行时，随着高度的增加功率减小幅度降低。很明显，直升机最大前飞速度随着飞行高度的增加而增加。当直升机高速前飞时，减小旋翼半径能够显著改善直升机性能，不仅能降低直升机需用功率，也有利于提升直升机最大前飞速度。

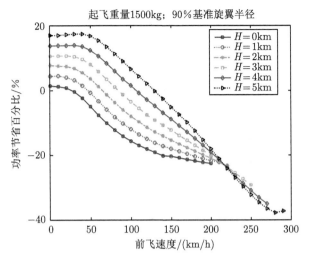

图 3.9 不同飞行高度下功率节省百分比随前飞速度的变化趋势

3.4 本章小结

为了探索旋翼变直径技术提升直升机性能的潜力，建立了基于广义力形式的系统动力学方程，旋翼动力学综合模型包括中等变形梁模型、桨叶绕铰链的刚性旋转、非线性准定常空气动力学模型和 Drees 入流模型，旋翼动力学综合模型与机体模型相耦合，以获得前飞配平时的稳态气动弹性响应。通过研究，得到了以下结论。

(1) 改变旋翼直径可显著地降低中高速飞行时直升机需用功率，尤其是高速飞行时。当直升机重量为 1500kg、前飞速度为 200km/h、旋翼半径减小 20% 时，直升机需用功率可降低 37.6%。

(2) 直升机起飞重量越小，通过减小旋翼直径来获得的直升机性能提升幅度会越大。

(3) 对算例旋翼来讲，当直升机旋翼直径减小，直升机需用功率随前飞速度先增加后减小，高速飞行时功率节省幅度增大显著。直升机飞行高度增加，旋翼直径减小，需用功率随前飞速度先增加后降低，功率的增加和降低幅度随高度增加而加大。

(4) 随着直升机旋翼直径的减小，旋翼总距和周期变距都会增加，机体的纵向和横向倾斜角将减小。

旋翼变直径可用于提升直升机飞行性能，特别是在直升机高速前飞时。当然，旋翼变直径技术的实现关键在于设计并实现高效的桨叶直径变化的驱动机构，并降低附加结构重量以及减轻对桨叶结构强度、刚度以及疲劳和可靠性等特性的影响。总之，旋翼变直径技术将是一种可行且有前途的旋翼变体技术。

第 4 章　智能扭转旋翼

桨叶扭转通过优化桨叶气动载荷分布提升直升机旋翼性能,限于目前的技术水平,直升机旋翼桨叶负扭在制造时就已经确定,不会随飞行环境和飞行状态主动改变,单一的桨叶负扭难以达到多个飞行状态性能最佳,通常是悬停和前飞性能设计的折中。本章主要探讨桨叶扭转动态变化时的旋翼性能,根据变化形式按线性和非线性分别介绍,最后将智能扭转旋翼技术与变转速旋翼技术相结合,用于提升变转速旋翼性能并探讨对变转速旋翼桨叶载荷的影响。

4.1　桨　叶　扭　转

研究人员很早就认识到,负的桨叶扭转可提升直升机悬停和前飞时旋翼效率 (Gessow, 1947; 1948)。桨叶负扭可以增大桨叶内侧展向载荷,优化桨叶升力以降低旋翼需用功率,进而获得更高的直升机旋翼性能。桨叶负扭在旋翼桨叶设计中已被业界广泛采用 (Arcidiacono and Zincone, 1976; Fradenburgh, 1979; Bagai, 2008)。桨叶负扭同样可延迟高速飞行时桨叶失速和减轻高速桨尖压缩性效应 (Gessow, 1947),因为桨叶负扭可通过减小桨尖迎角给桨尖卸载。通常,被动的桨叶负扭沿桨叶展向分布,不能主动地改变其沿轴向的变化。为了适应前飞时旋翼前后行侧不对称的气动环境,需改变桨叶沿展向和周向的负扭分布。

目前主动的改变桨叶扭转尚未应用于直升机旋翼设计,这部分源于实现桨叶主动扭转的机构以及此新型旋翼桨叶制造所带来的困难。近年来,压电材料已用于驱动桨叶扭转 (Chen and Chopra, 1997a; Chen and Chopra, 1997b),例如,主动纤维复合材料 (Active Fiber Composites,AFC) (Wilbur et al., 2002; Shin et al., 2005; Bernhard and Wong, 2005) 和宏纤维复合材料 (Macro Fiber Composites,MFC) (Monner et al., 2008; Monner et al., 2011; Riemenschneider and Opitz, 2011)。智能材料和结构已经表现出其在驱动桨叶主动扭转、控制桨叶振动载荷以及旋翼性能提升等方面的巨大潜力。Thakkar 和 Ganguli (2006, 2007) 的研究表明,压电陶瓷产生的剪切诱导应变可用于扭转旋翼桨叶,进而抑制振动、延迟气流分离和缓和动态失速。在 NASA 兰利跨声速动力学风洞 (NASA Langley Transonic Dynamics Tunnel) 中进行的 NASA/ARMY/MIT 智能扭转旋翼试验证实 (Wilbur et al., 2002; Shin et al., 2005),桨叶智能扭转可降低固定坐标系中旋翼振动载荷。西科斯基直升机公司的智能扭转旋翼风洞试验同样证实了 1%~2% 的旋翼功率节省 (Bernhard and Wong, 2005)。

由于时域控制对于非模拟量及飞行状态变化过于敏感，目前的研究主要都是基于频域控制原理 (杨开天, 2006)。Yeo (2008) 研究了多种不同主动控制方法用于提升旋翼性能，1 阶 (每转) 桨叶主动扭转对旋翼性能的影响较小，发现 2 阶谐波控制可用于提升旋翼的升阻比。Zhang 等 (2009) 采用弱气动-结构耦合方法进行了主动扭转旋翼用于降低旋翼需用功率方面研究，结果表明，可节省 14% 左右的功率消耗，这个数值可能被过高估计，然而，数值结果清晰表明主动扭转旋翼可用于性能提升。Boyd(2009) 采用 CFD/CSD (Computational Fluid Dynamics/Computational Structural Dynamics) 耦合方法分析了智能扭转翼的气动和噪声性能。3 阶输入可降低中频噪声和抑制 4 阶旋翼桨毂振动载荷，但会带来旋翼升阻比降低的副作用。Kang 等 (2010) 研究了多种旋翼变体技术以提升直升机性能，巡航时，准定常的桨叶扭转可获得 2% 的整个旋翼功率的节省。Jain 等 (2010a) 研究了三种构型的旋翼变体构型以提升性能，即后缘偏转、前缘偏转和主动扭转。采用 CFD/CSD 耦合方法对 UH-60A 直升机旋翼进行分析的结果表明，高速飞行时 (C8534)，桨叶主动扭转可减小 3.3% 的旋翼需用功率，而大拉力状态时 (C9017)，未见功率节省。Jain 等 (2010b) 对多种旋翼主动控制方法进行了研究，结果表明，最优幅值为 4° 的 2 阶主动扭转能降低高速前飞时 3.3% 的旋翼功率。先前的研究主要关注的是，通过改变桨叶静态扭转 (预扭) 而非动态扭转或者基于预先给定静态扭转的动态扭转，来提升旋翼性能。

桨叶扭转主要包括静态、动态和弹性扭转三部分。单个部分、两个部分或者所有三个部分都有可能影响旋翼性能。如何找到主导旋翼性能提升的关键因素是非常具有挑战和值得研究的领域。本质上，桨叶的任何扭转，包括静态、动态和弹性扭转，都可表示为从 0 阶到 $+\infty$ 阶级数分量之和。如果我们能找到主导旋翼性能提升的扭转阶次，那么就可设计相应的主动扭转以提升旋翼性能。

在本章，桨叶扭转按沿展向和周向预先给定，进而研究具体阶次分量 (0 阶, 1 阶, $\cdots$, n 阶, $\cdots$) 主导旋翼性能提升。所采用的直升机旋翼性能预测模型主要包括刚体桨叶模型 (可抑制桨叶弹性扭转的影响)、翼型气动参数查表方法、Pitt-Peters 动态入流 (Peters and HaQuang, 1988)、刚体机体模型和前飞配平方法 (Leishman, 2006)。UH-60A 直升机飞行测试数据用于验证所采用性能模型的正确性 (Yeo et al., 2004)，直升机多块 CFD 方法 (Helicopter Multi-Block Method, HMB2) 也被应用于验证分析模型的正确性 (Steijl et al., 2006; Steijl and Barakos, 2008a, 2008b)。HMB2 已通过一系列旋翼飞行器应用的验证，针对非常苛刻的流动，其也显示出良好的精度和效率。HMB2 应用范例可参考相关文献 (Steijl et al., 2006; Steijl and Barakos, 2008a, 2008b)。分析 0 阶扭转耦合某阶谐波扭转，以探讨桨叶展向和周向分布扭转在节省旋翼功率和提升直升机性能方面的潜力。

4.2　桨叶动态扭转对旋翼性能的提升研究

4.2.1　建模及验证

　　为了确定最小旋翼功率时桨叶扭转的主导谐波分量,在规定的前飞速度下,针对每个飞行状态进行参数扫描。对于多个旋翼功率状态,该过程须重复多次。如果一次计算需要耗费 1min 的 CPU 时间,则参数扫描可能需要数十天时间。由于本章工作的目的是探索桨叶动态扭转的谐波分量在降低旋翼功率方面的潜力,因此采用了一种预测直升机旋翼功率的分析模型。该模型可以使用标准的个人计算机在不到 1s 的时间内预测出旋翼功率。

　　桨叶模型采用基于带铰外伸量和铰弹簧的刚体梁模型,调整铰外伸量及铰弹簧可用于匹配桨叶基阶挥舞频率。根据当地合来流及桨叶叶素迎角,采用翼型气动参数查表法计算叶素的升力和阻力系数。采用 Pitt-Peters 入流模型预测旋翼桨盘上方诱导速度 (Peters and HaQuang, 1988),该模型可捕捉到诱导速度沿周向的 1 阶谐波变化。旋翼桨毂力和力矩由各片桨叶根部的力和力矩合成。机体处理成作用了给定气动力和力矩的刚体。为简单起见,尾桨拉力由旋翼扭矩除以尾桨桨毂中心到旋翼轴的距离来确定。尾桨功率及总距由尾桨拉力通过动量和叶素理论确定。

　　给定三个桨距操纵 (总距和纵横向周期变距) 和两个旋翼轴姿态角 (纵向和横向倾斜角),对于给定的前飞速度,可求得稳态前飞时旋翼周期响应。旋翼桨毂力和力矩由作用于机体和尾桨上的力和力矩平衡。机体上的力和力矩由飞行状态及其姿态角确定。尾桨拉力和功率由旋翼扭矩和飞行状态导出。这些部件上的力和力矩构成了直升机平衡方程 (Leishman, 2006),通过求解该方程以更新下一步迭代时的桨距操纵和旋翼姿态角。经过多次旋翼周期响应迭代和平衡方程求解,可获得收敛或者配平了的桨距操纵和旋翼姿态角,然后就可导出旋翼需用功率和直升机相关信息。

　　UH-60A 直升机飞行测试数据用于验证本章所采用的建模方法的正确性 (Yeo et al., 2004)。旋翼和尾桨参数列于表 4.1 和表 4.2 (Hilbert, 1984)。旋翼桨叶翼型和预扭分布可参考文献 (Davis, 1981)。对于性能分析,机体模型中仅考虑气动阻力的影响。分析中采用的机体阻力方程为 (Yeo et al., 2004)

$$\frac{D}{q} = 0.0158 + (0.064\alpha_s)^2 \tag{4.1}$$

式中，D 是机体阻力；q 是动压；α_s 是机体俯仰角。尾桨桨毂中心至旋翼轴的距离是 9.9263m。直升机质心至旋翼桨毂的垂向距离是 1.77546m。直升机起飞重量系数分别为 0.0065 和 0.0074 时旋翼功率的预测值与飞行测试数据的对比如图 4.1 所示。非常明显，本章所建立方法的预测值与飞行测试数据吻合很好，因此，验证了本章所建立的直升机飞行性能预测方法的正确性。

表 4.1　旋翼参数

参数	数值
旋翼转速	27.0rad/s
桨叶弦长	0.5273m
桨叶预扭	非线性
桨叶翼型	SC1095/SC1094R8
桨叶片数	4
挥舞铰外伸量	0.381m
桨叶线密度	13.92kg/m
桨轴纵向预倾角	$3°$

表 4.2　尾桨参数

参数	数值
尾桨叶弦长	0.2469m
尾桨转速	124.62rad/s
尾桨叶预扭	$-18°$
尾桨叶翼型	NACA0012
尾桨叶片数	4

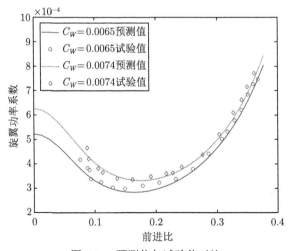

图 4.1　预测值与试验值对比

4.2.2　性能分析

为了提升直升机旋翼性能，预给定零阶 (静态扭转) 耦合某阶谐波扭转输入给旋翼桨叶。将 4.2.1 节中 UH-60A 直升机旋翼作为基准旋翼，采用修改后的桨叶扭转。分析不同谐波分量的影响以研究桨叶扭转的各谐波参数降低旋翼需用功率的潜力。

1. 桨叶动态扭转策略

桨叶动态扭转按沿展向 (r/R 参数) 和周向 (ψ) 线性分布预给定，即

$$\theta = \theta_0 + \theta_{1c}\cos\psi + \theta_{1s}\sin\psi + \theta_{tw}\frac{r}{R} \tag{4.2}$$

式中，桨叶预扭按如下规律给定：

$$\theta_{tw} = A_0 + A_n\cos\left(n\Omega t + \phi\right) \tag{4.3}$$

式中，θ_0 是总距；θ_{1c} 是横向周期变距；θ_{1s} 是纵向周期变距；r 为径向位置坐标；R 为旋翼半径；A_0 代表 0 阶扭转幅值；A_n 代表 n 阶谐波分量幅值；n 为谐波数；ϕ 为对应阶次相位角。桨叶的整个动态扭转方程就为

$$\theta = \theta_0 + \theta_{1c}\cos\psi + \theta_{1s}\sin\psi + \frac{r}{R}\left(A_0 + A_n\cos\left(n\Omega t + \phi\right)\right) \tag{4.4}$$

0 阶和 n 阶扭转幅值仅以整数值给定，谐波输入 n 同样为整数。A_0 在 $-25°$ ～ $0°$ 变化，A_n 在 $0°$ ～ $25°$ 变化。相位角 ϕ 以 $5°$ 为间隔在 $0°$ ～ $360°$ 变化。在这些约束下，计算所有参数组合情况下旋翼响应，以确定不同谐波分量时旋翼最小需用功率。如果周期性响应无法获得收敛解，或者功率最小值对应的桨叶扭转参数超出了边界，则将更改参数约束条件以搜索最小旋翼需用功率。

为确定旋翼需用功率节省的益处，功率节省百分比定义为

$$\eta = \left(1 - P/P_b\right) \times 100\% \tag{4.5}$$

式中，P 为预给定桨叶动态扭转时旋翼功率；P_b 为基准旋翼功率。

2. 1 阶扭转

为了评价桨叶扭转在降低旋翼功率方面的效果，需采用基准旋翼功率作为参考。由于本章采用的是线性变化的桨叶扭转，因此采用不带谐波分量的预给定桨叶扭转 ($-20°$、$-16°$、$-12°$ 和 $-8°$) 作为基准状态。在讨论不同谐波分量的影响时，直升机起飞重量系数取为 0.0065。

图 4.2 给出不同前飞速度时旋翼最小需用功率与基准功率的对比。这些最小需用功率是通过同时扫描 0 阶和 1 阶扭转参数后对比对应的需用功率来确定的。图 4.3 给出对应的功率节省百分比。与预给定的 −12° 扭转相比，300km/h 速度时，需用功率最多可节省 2.91%。功率节省效果有限，尤其是考虑到扭转作动时的功率损耗。如果与预给定 −20° 桨叶扭转时功率进行对比，230km/h 速度时，需用功率最多可节省 8.67%。很明显，被动的展向预扭设计对功率节省影响明显。低速时，功率节省整体上较小，随着速度增加，功率节省效果变明显。功率节省最大值出现在中、高速度时，这意味着，改变桨叶扭转适合于中、高前飞速度，悬停和低速前飞时，效果较为有限。

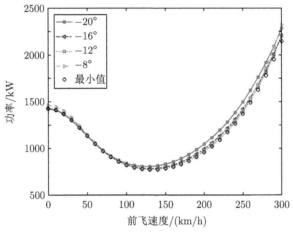

图 4.2   桨叶 1 阶扭转时功率对比

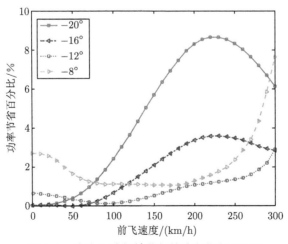

图 4.3   桨叶 1 阶扭转获得的功率节省百分比

　　图 4.4 给出最小需用功率所对应的 0 阶扭转、1 阶扭转和 1 阶扭转相位角随前飞速度变化曲线。较大的 0 阶扭转和较小的 1 阶扭转更适合于悬停和小速度前飞状态。开始时随着前飞速度增大，0 阶扭转减小、1 阶扭转整体增大；随后，更高速度时，0 阶扭转变为增大、1 阶扭转仍然增大，这有利于缓解不对称气动环境的影响。需要注意的是，大幅度的 0 阶和 1 阶扭转适宜于高速前飞，但会带来扭转作动方面问题。悬停和小速度时，相位角变化剧烈，这些状态对应的 1 阶扭转非常小。当速度大于 70km/h 时，相位角的变化保持在 85° ～ 100°，变化幅度相对较小。图 4.5 给出前飞速度 230km/h 时，桨盘上桨叶各剖面迎角分布对比。很明显，后行侧迎角明显被优化。在桨叶动态扭转的作用下，后行侧迎角向内侧移动并增大。由于位于桨叶尖部的 SC1095 翼型并非高升力翼型，升力向内侧的 SC1098R4 翼型偏移可增大旋翼升阻比并降低旋翼需用功率。

　　预给定的桨叶扭转参数扫描包括两部分：0 阶和 1 阶扭转。对应于最大和最小功率节省的状态是相对于预扭 −20° 和 −12° 状态，这些状态用于分析各阶扭转对功率节省的贡献。图 4.6 给出与 −20° 和 −12° 线性预扭相比时的最大功率节省百分比。图中 "0 阶 +1 阶" 表示功率节省是通过参数扫描 A_0 和 A_1 而获得，"0 阶" 表示功率节省仅是通过参数扫描 A_0 而获得。很明显，0 阶和 1 阶组合扭转可获得比 0 阶扭转更多的功率节省。通常，两者间差值随前飞速度升高而增大。前飞速度 300km/h 时，相对 −20° 和 −12° 预扭，组合和单独扭转之间功率节省差分别为 2.21％ 和 2.28％。从 −20° 预扭情况来看，很明显，0 阶扭转贡献了大部分的功率节省，0 阶和 1 阶组合扭转可获得稍微更多的功率节省。悬停和小速度前飞时，两种扭转策略所能获得的功率节省几乎相同，这意味着这些飞行状态时无须采用 1 阶扭转。1 阶扭转似乎更适宜于中高前飞速度。

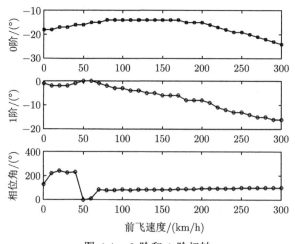

图 4.4　0 阶和 1 阶扭转

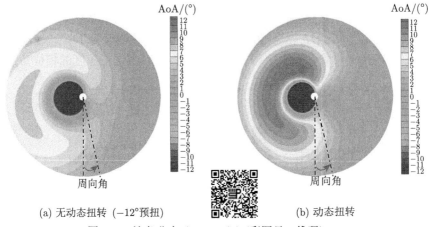

(a) 无动态扭转 (−12°预扭)   (b) 动态扭转

图 4.5   迎角分布 (230km/h) (彩图见二维码)

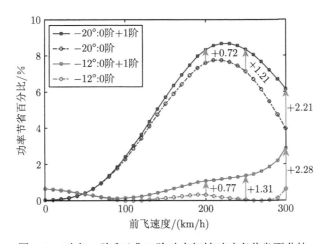

图 4.6   对应 1 阶和/或 0 阶动态扭转时功率节省百分比

3. 2 阶扭转

图 4.7 给出各旋翼功率及功率最小值对比, 功率最小值是通过 0 阶和 2 阶扭转参数扫描获得。图 4.8 给出对应的功率节省百分比。悬停和低速前飞时, 整体上看, 功率节省较少, 但中高速度前飞时, 效果变得明显。很明显, 与基准状态 −12° 和 −16° 预扭相比, 功率节省整体上较小 (不超过 3.21%)。与基准状态 −8° 和 −20° 预扭相比, 速度 300km/h 时, 功率节省分别为 7.0% 和 5.49%。高速时, 组合 0 阶和 2 阶扭转可获得更多的功率节省和更高的性能提升, 这实际上是由基准预扭的变化所致。

最大功率节省所对应的 0 阶扭转、2 阶扭转和 2 扭转的相位角随前飞速度变化如图 4.9 所示。悬停和低速前飞时，2 阶扭转为零，功率节省自然是源于 0 阶扭转。速度由 130km/h 增至 300km/h 时，2 阶扭转幅值为 1°，该较小的 2 阶扭转幅值所能获得的旋翼功率节省也必然有限。对应于这些速度的相位角接近 0°。

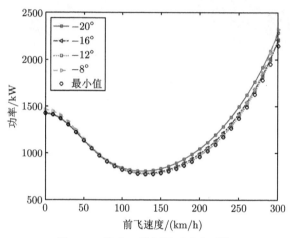

图 4.7   桨叶 2 阶扭转时功率对比

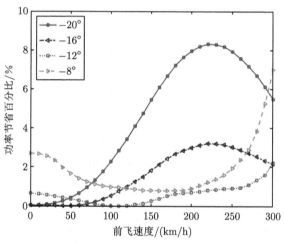

图 4.8   桨叶 2 阶扭转获得的功率节省百分比

图 4.10 给出通过 0 阶扭转耦合或不耦合 2 阶扭转所获得的功率节省百分比随前飞速度变化曲线，基准状态按 −12° 和 −20° 线性预扭取。前飞速度 200km/h 时，考虑与不考虑 2 阶扭转两者间功率节省差值分别为 0.38% 和 0.36%。前飞速度 300km/h 时，差值增至 1.59% 和 1.55%。从 0 阶扭转到 0 阶耦合 2 阶扭转

所能获得的功率节省相当小，因此，没有必要通过采用 2 阶扭转来获得功率节省。与图 4.6 相比，1 阶扭转可获得比 2 阶扭转更多的功率节省，这意味着 1 阶扭转在旋翼功率节省方面更加有效。

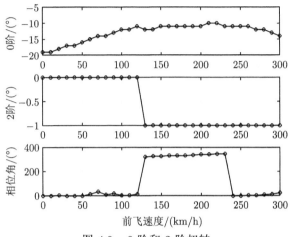

图 4.9　0 阶和 2 阶扭转

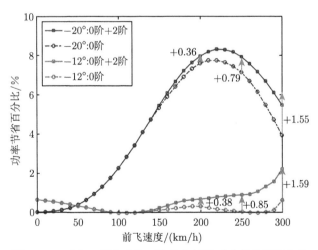

图 4.10　对应 2 阶和/或 0 阶动态扭转时功率节省百分比

4. 高阶扭转

图 4.11 给出相对于不同基准预扭时桨叶 3 阶扭转所能获得的功率节省百分比。功率节省的变化规律与前面 1 阶和 2 阶所呈现的规律一致。然而，功率节省幅值变得更小。图 4.12 给出对应的 0 阶扭转幅值、3 阶扭转幅值和 3 阶扭转的相

位角随前飞速度变化曲线。很明显，当前飞速度小于 210km/h 时，3 阶扭转并不起作用；当大于该速度时，3 阶扭转幅值为 1°。高速飞行时，0 阶扭转耦合与不耦合 3 阶扭转所带来的功率节省差值小于 1.0%（与图 4.6 中 0 阶扭转相比）。由此可知，3 阶扭转在节省旋翼需用功率、提升直升机旋翼效率方面的效果并不明显。

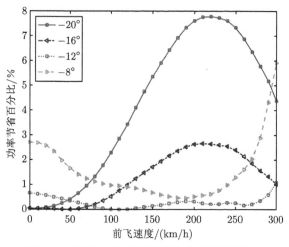

图 4.11　桨叶 3 阶扭转获得的功率节省百分比

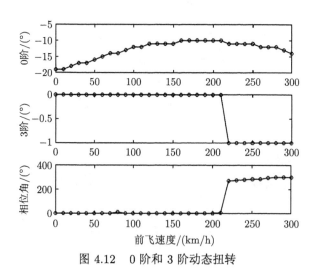

图 4.12　0 阶和 3 阶动态扭转

图 4.13 给出相对于不同基准预扭时桨叶 4 阶扭转所能获得的功率节省百分比。图 4.13 所呈现出的曲线变化规律与前面各阶扭转所呈现的一致。然而，功率节省的幅值与 3 阶基本一样。图 4.14 给出对应的 0 阶扭转幅值、4 阶扭转幅值和

4 阶扭转的相位角随前飞速度变化曲线。很明显，4 阶扭转在所研究的速度范围内并不起作用。悬停时，所需的 0 阶扭转幅值非常大，随着前飞速度的增加，其先减小后增大。

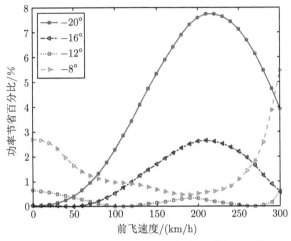

图 4.13　桨叶 4 阶扭转获得的功率节省百分比

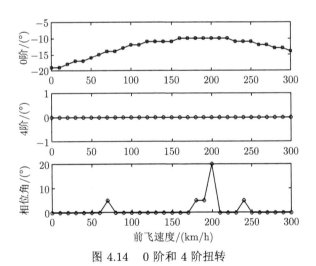

图 4.14　0 阶和 4 阶扭转

5. 与 CFD 方法预测对比

采用基于直升机多块方法 (HMB2)(Steijl et al., 2006; Steijl and Barakos, 2008a; Steijl and Barakos, 2008b) 的 CFD 方法与分析模型预测结果进行对比，以验证桨叶扭转对旋翼需用功率影响的正确性。HMB2 的扭转输入数据与由分析方法给出的最小功率所对应的桨叶扭转相同。前飞速度分别为 200、250 和 300km/h

时，分析方法和 HMB2 所预测的不同阶次扭转对应的旋翼功率如图 4.15 所示，与以 0 阶扭转作为基准功率的功率节省百分比对比如图 4.16 所示。很明显，两种方法的预测结果吻合非常好。前飞速度 200km/h 时，旋翼需用功率绝对值的预测几乎相同；前飞速度 300km/h 时，两者间差值很小。图 4.16 清晰地给出，前飞速度 300km/h 时，两种方法所预测的 1 阶扭转相较于 0 阶扭转的功率节省分别为 2.29％和 3.09％。随着前飞速度降低，组合扭转方法所带来的功率节省减小，随着谐波数的增大，功率节省也减小。这表明高阶谐波分量对旋翼功率节省的影响很小，其也表明，周期性的桨叶谐波扭转对旋翼需用功率节省的影响很小，功率节省主要由 0 阶桨叶扭转决定。

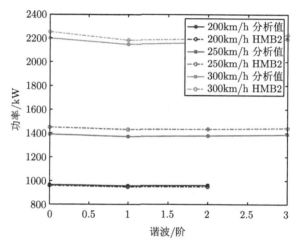

图 4.15　经验模型与 CFD 模型对旋翼需用功率的预测对比

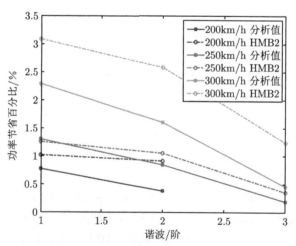

图 4.16　经验模型与 CFD 模型对旋翼功率节省百分比的预测对比

6. 更大起飞重量

更大起飞重量 ($C_W = 0.0074$) 时，0 阶扭转与不同阶次谐波扭转组合所带来的功率节省百分比如图 4.17 所示，所对比的基准预扭为 $-12°$。很明显，低阶谐波扭转所能获得的功率节省明显大于高阶谐波扭转。悬停和低速前飞时，不同阶次的扭转所能获得的功率节省几乎相同。随着前飞速度的增加，功率节省先减小后增大，大多数前飞速度时，功率节省值小于 2.0%。高速飞行时，桨叶动态扭转更为有效。速度 300km/h 时，1~4 阶所带来的功率节省分别为 6.19%、5.37%、3.91% 和 3.44%；起飞重量系数为 0.0065 时，所对应的功率节省分别为 2.91%、2.22%、1.09% 和 0.63%。随着起飞重量增大，动态扭转所能获得的功率节省也更多。

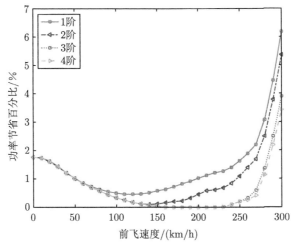

图 4.17　更大起飞重量时功率节省百分比 ($C_W = 0.0074$)

图 4.18 和图 4.19 给出各组合扭转所对应的 0 阶和周期谐波扭转。悬停时，更大的 0 阶扭转更适宜，也大于较小起飞重量时所对应的 0 阶扭转。各阶动态扭转对应的 0 阶扭转随前飞速度增加先减小，高速时增大。对于 1 阶扭转而言，中等至高速时，需要更大的 0 阶扭转，这明显不同于其他阶次的扭转。对于周期谐波扭转，该规律是相同的。悬停和低速前飞时，1 阶扭转幅值较小，但随前飞速度增加而增大明显。2 阶和 3 阶谐波扭转的幅值在所研究的速度范围内均较小，而 4 阶扭转在所研究的速度范围内并不起作用，这与图 4.14 所给出的规律相同。由图 4.17 和图 4.19 可知，周期谐波扭转所能获得的功率节省很小。

前面的分析是以桨叶预扭 $-12°$ 为基准。由图 4.18 和图 4.19 可知，该预扭适合于中高飞行速度。高速飞行时，需更大的预扭。假如基准预扭更大，如 $-16°$，那么 300km/h 速度时，各阶扭转所带来的功率节省分别为 2.85％、2.0％、0.49％和 0.0％。如以此预扭为基准，对于更大起飞重量 ($C_W = 0.0074$)，桨叶主动扭转所能获得的功率节省更小；但在较小起飞重量 ($C_W = 0.0065$) 时，可获得更多的功率节省。很明显，被动的桨叶预扭原始设计可适用于某些状态，但并非整个飞行包线。不同的飞行状态 (前飞速度、飞行高度、起飞重量、机动等) 需要不同分布的桨叶扭转，这给桨叶动态扭转应用于提升直升机性能提供了广阔的空间。

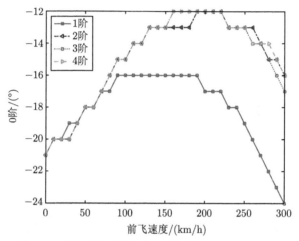

图 4.18　不同谐波输入时 0 阶扭转 ($C_W = 0.0074$)

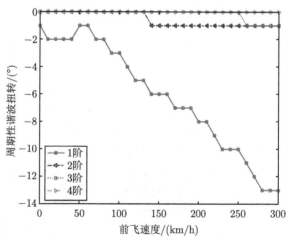

图 4.19　不同谐波输入时周期谐波扭转 ($C_W = 0.0074$)

4.3 桨叶非线性动态变扭转提升旋翼性能

4.3.1 动态扭转模型

为了更好地预测桨叶的气弹响应，在本节中采用基于柔性桨叶的旋翼动力学模型。该模型采用中等变形梁模型，可以更精确地描述直升机桨叶的弹性变形。桨叶绕铰链和旋翼轴的旋转处理成广义坐标，采用翼型空气动力学查表法给出桨叶剖面翼型升力、阻力和力矩系数，旋翼桨盘上的诱导速度由 Pitt-Peters 动态入流模型得到 (Peters and HaQuang, 1988)，系统的动力学方程按广义力形式给出，采用 Newmark 数值积分方法计算时域中旋翼的稳态响应 (Owen and Hinton, 1980)。模型中除入流模型和计算流程外均与 3.2 节中性能分析模型一致。桨叶动态扭转主要改变桨叶剖面安装角，具体处理时将预给定的动态扭转耦合进桨叶桨距角中。

所谓动态扭转，指的是桨叶的预扭角随方位角发生变化，即径向坐标 r 处的安装角为

$$\theta = \theta_0 + \theta_{1c} \cos \psi + \theta_{1s} \sin \psi + \frac{r}{R} \theta_{dt} \cos (N\psi + \phi_{dt}) \tag{4.6}$$

式中，θ_{dt} 为动态扭转的幅值；N 为动态扭转的频率；ϕ_{dt} 为动态扭转的相位。当 $N = 1$ 时，式 (4.6) 可以表示为

$$\theta = \theta_0 + \left(\theta_{1c} + \frac{r}{R} \theta_{dt} \cos \phi_{dt} \right) \cos \psi + \left(\theta_{1s} - \frac{r}{R} \theta_{dt} \sin \phi_{dt} \right) \sin \psi \tag{4.7}$$

可以看出，1 阶动态扭转相当于给旋翼施加了一组额外的横向与纵向周期变距，使得迎角重新分布，进而改善旋翼的气动环境。

4.3.2 线性动态变扭转提升旋翼性能

1. 幅值

以往的研究表明，12° 的桨叶负扭有利于改善前飞状态下旋翼的性能。而 20° 的桨叶负扭对悬停状态的旋翼性能提升较大，对前飞时的旋翼性能有不利影响。为了更好地展现动态扭转幅值对旋翼性能的提升作用，在本节中将旋翼桨叶的初始负扭角设置为 12° 和 20° 两种进行对比。根据国内外现有的试验结果，通过嵌入或粘贴 MFC 的等压电智能材料，在桨叶不旋转的情况下可使桨尖产生的扭转角不高于 5°，对于旋转桨叶驱动效果大幅降低，甚至不足 0.5°，因而在本节中将动态扭转的幅值限制在 5° 以内进行计算。

当施加不同幅值的 1 阶动态扭转时，各前飞速度时旋翼的需用功率如图 4.20(a) 和图 4.21(a) 所示，不施加动态扭转时需用功率节省百分比如图 4.20(b)

和图 4.21(b) 所示。为挖掘动态扭转幅值节省功率的潜力，动态扭转输入的相位设置为对应幅值和前飞速度下使旋翼功率最低的相位角。

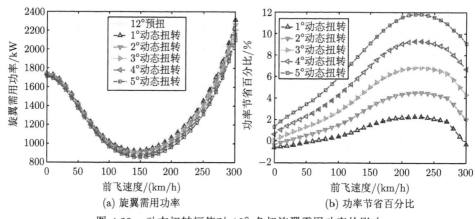

(a) 旋翼需用功率　　　　　　　　　　　(b) 功率节省百分比

图 4.20　动态扭转幅值对 12° 负扭旋翼需用功率的影响

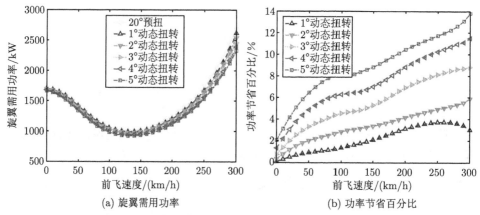

(a) 旋翼需用功率　　　　　　　　　　　(b) 功率节省百分比

图 4.21　动态扭转幅值对 20° 负扭旋翼需用功率的影响

表面上看，在小角度幅值 (≤5°) 的动态扭转作用下，无论基于哪种预扭桨叶，1 阶线性动态扭转均可以降低旋翼的需用功率，且随着幅值的增加，功率降低率也增大。低速时 1 阶动态扭转效果较低；前飞速度越高，动态扭转降低功率的效果越明显。当前飞速度超过 220km/h 时，在 12° 负扭桨叶上施加动态扭转的效果开始下降，而在 20° 线性负扭桨叶上效果仍有提升。综合来看，动态扭转改善了 12° 负扭桨叶悬停性能和 20° 负扭桨叶高速前飞性能。在后面的分析中，一律是在 12° 线性负扭的桨叶上施加动态扭转。

当施加 1 阶、相位为 90° 的动态扭转时，不同前飞速度和动态扭转幅值时的桨盘迎角分布如图 4.22 所示。在悬停和低速飞行状态下，桨叶的动态扭转确实降低了需用功率，但是效果不明显。线性动态扭转使桨盘后行侧出现了迎角提升的区域，随着动态线性扭转幅值的提高，迎角提升越来越明显，区域的位置也向着方位角增大方向移动。此外动态扭转也使得前行侧的迎角略有降低。高速前飞时，在施加了 5° 的动态扭转后，在 $180° \sim 270°$ 方位角范围内的桨叶中部出现了极高的迎角，说明该区域已经发生了一定程度的失速，导致型阻功率迅速增大。但

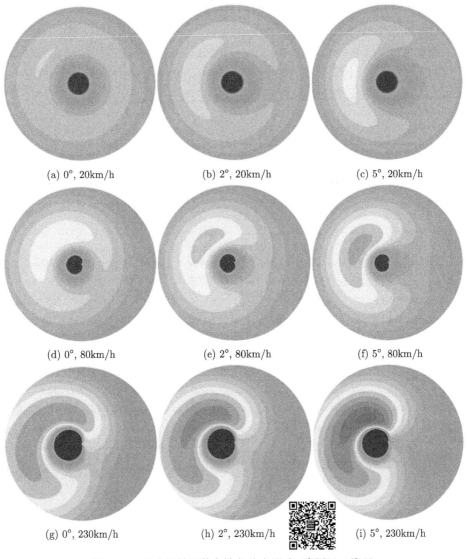

(a) 0°, 20km/h   (b) 2°, 20km/h   (c) 5°, 20km/h

(d) 0°, 80km/h   (e) 2°, 80km/h   (f) 5°, 80km/h

(g) 0°, 230km/h   (h) 2°, 230km/h   (i) 5°, 230km/h

图 4.22 动态扭转对桨盘迎角分布影响 (彩图见二维码)

也需要注意到，后行侧桨尖的迎角略有降低，升阻比提高，即缓解了后行桨叶的气流分离现象。换言之，线性动态扭转对高速前飞时直升机旋翼上的气流分离现象的影响具有两面性。

2. 阶次

考虑前 4 阶频率动态扭转对旋翼性能的影响。通常高阶动态扭转的幅值不可能过大，因此把其限定在 5° 内，每隔 0.5° 取一个计算点。由于尚不明确相位对旋翼性能的影响，因此对所有可能的相位遍历，每隔 15° 取一个计算点，以充分发挥每个动态扭转频率的潜力。

计算在施加了各阶动态扭转后在 0~300km/h 速度范围内的旋翼需用功率,每隔 10km/h 取一个计算点。计算得到各阶输入下功率最小的幅值和相位如图 4.23 所示。各前飞速度下的功率和功率节省百分比如图 4.24 所示。

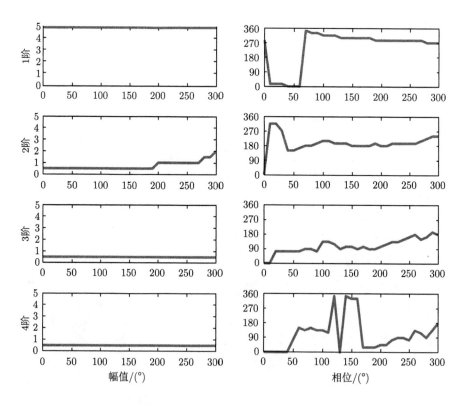

图 4.23　使旋翼需用功率最低的动态扭转频率和相位

结果表明，在前 4 阶动态扭转中，在选择合适的幅值和相位输入的情况下，1

阶动态扭转对节省旋翼功率的效果最好。随着前飞速度的增加，1 阶动态扭转的效果逐渐显著，以 200km/h 前飞时可使旋翼功率降低 12%。随着前飞速度进一步增加，1 阶动态扭转的效果略有降低，但在 300km/h 速度时仍能保持在 9% 左右。其他三阶动态扭转的效果在速度低于 100km/h 时基本保持一致，对旋翼功率影响甚微。随着前飞速度的增加，2 阶动态扭转逐渐表现出降低旋翼功率的潜力，在高速前飞时可使旋翼功率降低 2.5% 左右。3 阶和 4 阶的动态扭转在前飞速度超过 250km/h 后开始显现出不利于节省旋翼功率的效果。

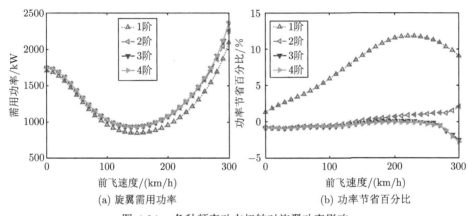

(a) 旋翼需用功率　　　　　　　　　(b) 功率节省百分比

图 4.24　各种频率动态扭转对旋翼功率影响

　　图 4.25 给出了前飞速度为 80km/h 时施加不同动态扭转后旋翼的升阻比分布。由图可知，1 阶的动态扭转降低了 $\psi = 30°$ 附近的升阻比，增加了 $\psi = 210°$ 附近的升阻比；而 2 阶的动态扭转对这两个方向的升阻比均有一定增加效果，$\psi = 120°$ 和 $\psi = 300°$ 两个方位附近升阻比略有降低。3 阶和 4 阶的动态扭转降低了前行侧桨叶以及后行侧桨尖的升阻比。

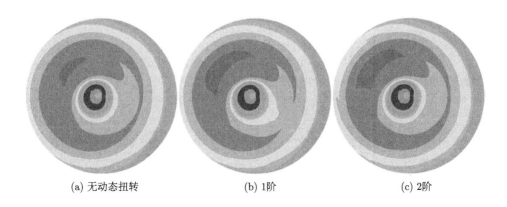

(a) 无动态扭转　　　　　　　　(b) 1阶　　　　　　　　(c) 2阶

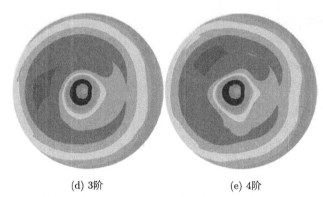

(d) 3阶　　　　　　　　　　　　(e) 4阶

图 4.25　前飞速度为 80km/h 时施加不同动态扭转后旋翼的升阻比分布

3. 相位

本节主要考虑幅值为 $5°$ 的 1 阶动态扭转的相位对旋翼功率的影响。在 $0° \sim 360°$ 的范围内每隔 $15°$ 取一个计算点遍历。计算得到的旋翼需用功率及其相比不施加动态扭转时的功率节省百分比如图 4.26 所示。

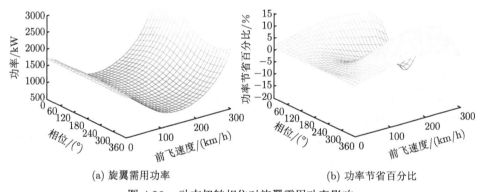

(a) 旋翼需用功率　　　　　　　　　　　　(b) 功率节省百分比

图 4.26　动态扭转相位对旋翼需用功率影响

动态扭转的相位对低速前飞时的旋翼需用功率影响较小，对高速前飞的影响比较大，300km/h 速度时相位可使旋翼功率变化 25% 左右。下面将从前进比 $\mu = 0.3$ 时的桨盘升阻比分布入手，探究动态扭转相位对高速前飞时旋翼气动环境的影响。

前进比为 0.3，动态扭转相位分别为 $90°$、$180°$ 和 $270°$ 时，桨盘升阻比分布由图 4.27 给出。相位为 $270°$ 的动态扭转提高了后行侧桨尖位置的升阻比，即延缓了气流分离影响，进而降低了旋翼需用功率。反观相位为 $90°$ 的动态扭转，尽管将前行侧桨叶中部的升阻比提高了 10 左右，但也导致反流区的面积增大、高升阻比区域面积减小。由于反流区的升阻比与正常的升阻比相差 50 以上，因而该相位对旋翼需用功率的负面效果更加突出。此外，后行侧桨尖升阻比有所下降，前行侧负升阻比面积加大，说明 90° 相位的动态扭转对后行侧气流分离反而是不利的。

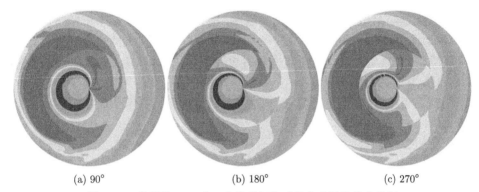

(a) 90°　　　　　　　(b) 180°　　　　　　　(c) 270°

图 4.27　前进比 0.3 时 3 个典型相位时桨盘升阻比分布情况

4.3.3　非线性动态变扭转提升旋翼性能

在讨论非线性动态扭转时，我们把桨叶沿展向分为两段：内段和外段。分段规则见表 4.3。其分界点的选取主要考虑 UH-60A 直升机桨叶的翼型变化位置。由4.3.2 节可知，显著影响旋翼需用功率的主要是 1 阶动态扭转，因而在本节中，只考虑 1 阶动态扭转的效果。

表 4.3　非线性动态扭转桨叶分段规则

分段	起点位置	终点位置	无量纲长度
内段	0.0	0.5	0.5
外段	0.5	1.0	0.5

另外应当说明的是，为了保证桨叶动态扭转时扭转角的连续性，桨叶桨距角设定为

$$\theta = \theta_0 + \theta_{1c} \cos \psi + \theta_{1s} \sin \psi + \left(\frac{r}{R} \theta_{dt} + \theta_{dt0} \right) \cos \left(N\psi + \phi_{dt} \right) \tag{4.8}$$

式中，θ_{dt0} 是内段动态扭转幅值 $\theta_{dt,\text{in}}$ 和外段动态扭转幅值 $\theta_{dt,\text{out}}$ 的函数。这样设置的原因是为了保证 θ_{dt} 的物理意义不发生改变，即每段桨叶上的负扭率。在上述分段规则下，θ_{dt0} 的表达式为

$$\theta_{dt0} = \frac{1}{2} \theta_{dt,\text{in}} \frac{\cos(N\psi + \phi_{dt,\text{in}})}{\cos(N\psi + \phi_{dt,\text{out}})} - \frac{1}{2} \theta_{dt,\text{out}} \tag{4.9}$$

1. 内段动态扭转

在讨论内段动态扭转影响时，把其幅值设置为 1°～5°，每隔 1° 取一计算点；相位设置与讨论线性动态扭转时一致；外段幅值统一设置为 0°。通过遍历找寻各前飞速度时使旋翼需用功率最小的组合，寻得的最优配置由图 4.28 给出，相应的旋翼需用功率及其相对不施加动态扭转时的功率节省百分比由图 4.29 给出。

由图 4.28 可知，在小于 5° 的范围内，1° 和 5° 的内段动态扭转分别可使低速和高速前飞的旋翼功率最低。最优的相位在低速时有较大的波动，随着前飞速度的增加，由 0° 逐渐变为 255°。由图 4.29(b) 可知，内段动态扭转不利于节约低于 120km/h 时的旋翼需用功率，但随着直升机前飞速度的增加，功率降低效果线性增加，在 220km/h 附近可降低 2% 左右的功率。随后效果大幅度降低，甚至使旋翼功率有所增加。

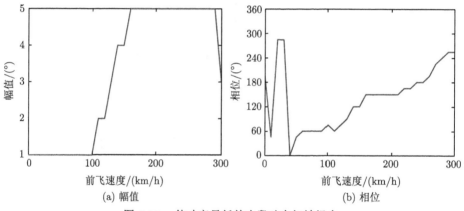

(a) 幅值   (b) 相位

图 4.28   使功率最低的内段动态扭转组合

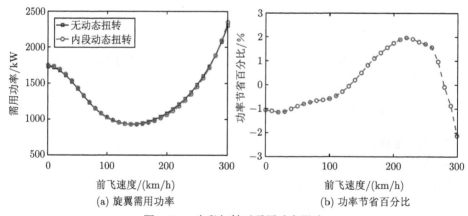

(a) 旋翼需用功率   (b) 功率节省百分比

图 4.29   内段扭转对需用功率影响

2. 外段动态扭转

在讨论外段动态扭转影响时，把其幅值设置为 1°∼5°，每隔 1° 取一计算点；相位设置与前述保持一致；内段的幅值统一设置为 0°，即不施加动态扭转。通过计算各种输入情况，得到令旋翼的需用功率最小的动态扭转输入，如图 4.30 所示，相应的旋翼需用功率及功率节省百分比如图 4.31 所示。

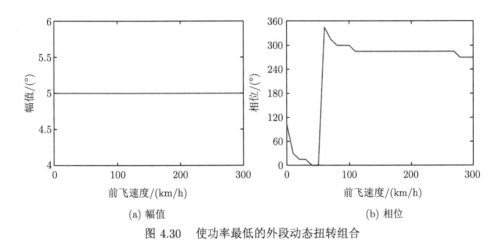

(a) 幅值   (b) 相位

图 4.30　使功率最低的外段动态扭转组合

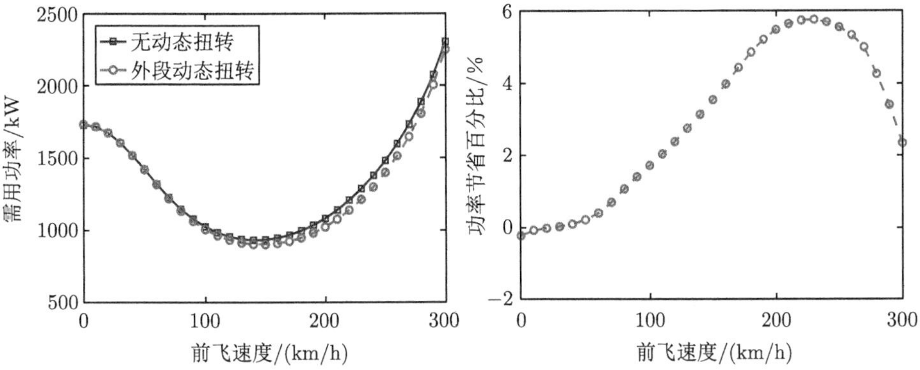

(a) 旋翼需用功率   (b) 功率节省百分比

图 4.31　外段扭转对需用功率影响

由图可以看到，5° 的外段动态扭转幅值适用于全部飞行速度，且能明显降低旋翼需用功率。对于大多数前飞速度，285° 的相位是一个较优的取值。但在低速时 0° 的相位效果更好。外段动态扭转对旋翼需用功率的效果在 200km/h 前近似为线性关系，前飞速度过大后，旋翼性能提升的效果有所降低。总体来看，外段动态扭转最高可使旋翼需用功率降低 6%。

3. 内段与外段对比

幅值方面，低速前飞时较低的内段动态扭转效果更好，高速时最优幅值有所增大，而对于外段，任何速度下 5° 的幅值都是相对较优的选择。相位方面，内段的最优相位随速度变化较大，外段的最优相位在 80km/h 后基本不随速度发生变化。

4.3.4 一种非线性动态扭转方案

根据桨叶的内、外段动态扭转影响旋翼功率的规律，在上述的最优内、外段动态扭转方案附近进一步计算，寻找最优的分段动态扭转方案，结果由图 4.32 给出。施加最优动态扭转后旋翼的需用功率如图 4.33(a) 所示，相比 12° 线性负扭桨叶的旋翼性能提升如图 4.33(b) 所示。注意到内段和外段的最优幅值均为 5° 且

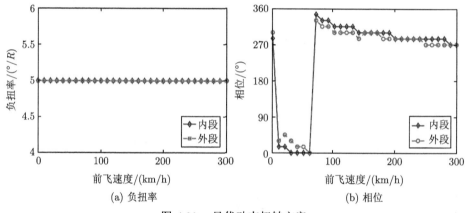

(a) 负扭率   (b) 相位

图 4.32 最优动态扭转方案

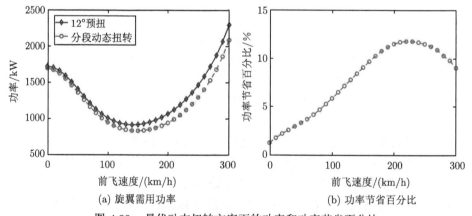

(a) 旋翼需用功率   (b) 功率节省百分比

图 4.33 最优动态扭转方案下的功率和功率节省百分比

不随速度发生变化, 这与单独施加内段动态扭转的结论有一定差异。由于幅值的限制, 相位成为影响旋翼功率变化的主要参数。在不同径向位置施加不同相位的动态扭转, 可以显著降低旋翼功率。在悬停和较低速度的飞行条件时, 动态扭转对旋翼性能随前飞速度近似呈线性变化; 在 230km/h 时可使旋翼功率降低 13% 左右, 随着速度进一步提高, 效果略有衰减, 但在最大前飞速度时相比 12° 线性负扭桨叶仍可节省 9% 左右的功率。

4.4 桨叶变扭转耦合旋翼变转速提升旋翼性能

本节主要将旋翼变转速技术与桨叶主动扭转技术相结合, 用于获得旋翼需用功率的节省以及降低由旋翼转速降低所带来的振动载荷。旋翼可通过独立的改变传动比或者发动机出轴转速来改变旋翼转速, 而不会带来桨叶扭转的变化。旋翼桨叶可根据飞行状态改变扭转, 但扭转不随桨叶方位角变化。采用两种直升机模型预测直升机飞行性能, 其一基于经验气动模型, 其二基于 CFD 方法。为了说明桨叶主动扭转在旋翼功率节省方面的益处, 采用气动上接近 UH-60A 直升机旋翼的旋翼作为基准旋翼。对不同旋翼转速及桨叶扭转进行参数分析, 以探索可以获得多少的功率节省。分析旋翼转速及桨叶扭转的最优组合, 以明确所选参数适宜于不同飞行状态。变转速旋翼的振动载荷也在本节中进行了分析。

4.4.1 直升机飞行性能预测模型

1. 经典模型

采用基于经验气动模型的直升机飞行性能模型分析直升机性能, 该模型主要包括旋翼模型、机体模型、尾桨模型和前飞配平方法。旋翼建模可参考文献 (Han et al., 2012; Han et al., 2014), 采用中等变形梁模型描述旋翼桨叶的弹性变形, 桨叶绕铰及旋翼轴的刚体转动被处理成广义坐标 (Zheng et al., 1999), 采用翼型数据查表方法给出不同来流和迎角时翼型气动升力、阻力和力矩, 采用 Pitt-Peters 入流模型给出桨盘上方旋翼诱导速度 (Peters and HaQuang, 1988)。将结构、运动和气动产生的相关项进行组集, 可得基于广义力形式的系统运动方程。采用隐式 Newmark 积分方法计算时间域中旋翼稳态气弹响应。旋翼桨毂力和力矩由各片桨叶根部的合力和合力矩合成。机体被处理成作用了气动力和力矩的刚体。尾桨拉力由旋翼扭矩除以尾桨毂至旋翼轴距离确定, 给定前飞速度及尾桨拉力, 通过动量理论就可确定悬停和前飞时尾桨的需用功率。

给定初始的三个桨距控制 (总距和纵横向周期变距) 和两个桨轴姿态角 (纵横向桨轴倾斜角), 对给定的前飞速度, 可获得旋翼周期响应。旋翼桨毂力和力矩由作用于机体和尾桨上的力和力矩平衡, 机体上作用的气动力和力矩由直升机飞行状态和姿态角确定，尾桨拉力和功率由旋翼扭矩和飞行状态确定。这些力和力矩分量组成了直升机平衡方程，通过求解该平衡方程可更新用于下一步计算的桨距角和旋翼姿态角。经过多次的旋翼周期响应计算和平衡方程求解，可获得收敛的或者稳态的桨距控制和旋翼姿态角，从而得到旋翼需用功率和直升机相关信息。

2. CFD 方法

如今，CFD 是分析直升机旋翼、螺旋桨或风机空气动力学的主要工具。本节给出的所有 CFD 计算结果都是采用 HMB2 计算得到 (Brocklehurst et al., 2008)，该方法采用 RANS 和 URANS 方法，甚至 SAS (Menter and Egorov, 2006) 和 DES 方法 (Spalart et al., 1997)，具有稳态周期或者全非定常计算的能力。本节将精细的多块网格与滑移面方法结合使用 (Steijl et al., 2006)。对于单独的例子，每个桨叶的网格大约有 1200 万个单元，桨叶假定为刚体。本节所给出的算例，均采用结合 k-ω 湍流模型的雷诺数平均 N-S 方程 (RANS)。

HMB2 采用任意的拉格朗日/欧拉公式对时变域中带移动边界的积分形式 N-S 方程进行求解，即

$$\frac{\mathrm{d}}{\mathrm{d}t}\int_{V(t)}\boldsymbol{\omega}\mathrm{d}V + \int_{\partial V(t)}(\boldsymbol{F}_i(\boldsymbol{\omega}) - \boldsymbol{F}_v(\boldsymbol{\omega}))\boldsymbol{n}\mathrm{d}S = \boldsymbol{S} \tag{4.10}$$

对任意边界为 $\partial V(t)$ 和外单位垂向矢量 $\boldsymbol{n}$ 的时变控制体 $V(t)$，上述方程构成了一个守恒律系统。守恒变量的矢量表示形式为

$$\boldsymbol{\omega} = [\rho, \rho u, \rho v, \rho w, \rho E]^{\mathrm{T}} \tag{4.11}$$

式中，ρ 是空气密度；u、v、w 分别为笛卡儿坐标系速度分量；E 为单位质量总的内能。$\boldsymbol{F}_i$ 和 $\boldsymbol{F}_v$ 分别为无黏性和有黏性时通量。对于悬停时旋翼，网格是固定的，且增加源项 $\boldsymbol{S} = [0, -\rho\boldsymbol{\omega}\times\boldsymbol{u}_h, 0]^{\mathrm{T}}$ 以补偿旋转的惯性效应。$\boldsymbol{u}$ 是旋翼固定参考坐标系中当地速度场。

与旋转的参考系相比，此处采用的非惯性参考系有两个好处：首先，通过旋转矢量 $\boldsymbol{\omega}$，能量方程保持不变；其次，与旋转参考系中由位置决定的"不受干扰"速度场相反，出现了消失的"不受干扰"速度场，其由 $-\boldsymbol{\omega}\times\boldsymbol{r}$ 给出。

在结构化多块网格上使用以单元为中心的有限体积方法离散方程式 (4.10)，空间上的离散会导致时间上的一组方程，即

$$\frac{\partial}{\partial t}(\boldsymbol{\omega}_{i,j,k}V_{i,j,k}) = -\boldsymbol{R}_{i,j,k}(\boldsymbol{\omega}_{i,j,k}) \tag{4.12}$$

式中，$\boldsymbol{\omega}$ 和 $\boldsymbol{R}$ 分别是单元变量和残差的向量。这里，i、j、k 是每个网格块中的单元格索引，而 $V_{i,j,k}$ 是单元格体积。对流条件使用 Osher 迎风格式进行离散

(Osher and Chakravarthy, 1983)，MUSCL 变量插值用于提供高阶精度，而 van Albada 限制器用于防止陡峭梯度附近的杂散振荡 (van Albada et al., 1982)。使用计算域外部的重影单元设置边界条件。对于黏性流动模拟，重影值在固体边界处外推，以确保速度采用固体壁速度。使用隐式时间积分，并使用预处理的广义共轭梯度法求解所得的线性方程组。对于非定常模拟，采用基于 Jameson 构建的伪时间积分方法的隐式双重时间步进方法 (Jameson, 1991)。HMB2 已经在多种旋翼飞行器应用中得到验证，并且对于非常苛刻的流动显示出良好的准确性和效率。HMB2 的工作示例可以在参考文献 (Steijl et al., 2006; Steijl and Barakos, 2008a; Steijl and Barakos, 2008b) 中找到。HMB2 提供了多种旋翼配平方法，以及一种桨叶作动算法，该算法可在变形的网格上保持近桨叶网格的质量 (Steijl et al., 2006)。

HMB2 求解器有湍流库接口，其中包括多个单方程式和两方程式湍流模型。使用大涡或分离涡方法也可以进行湍流模拟。求解器的设计考虑了并行计算能力，为此目的，使用了 MPI 库以及负载平衡算法。对于多块网格生成，使用 ICEMCFD Hexa 商业网格工具，通常使用具有 (10~30) 百万个点和数千个块的 CFD 旋翼网格。

对于前飞旋翼，HMB2 求解惯性坐标系中可压缩雷诺数平均 N-S 方程。在时间精确的模拟中，采用的有限体积离散化解决了移动和变形网格的问题。因此，在 "直升机固定的参考系" 中对前飞的旋翼进行了建模，其中通过定义 "自由流" 条件引入了前飞速度。对于孤立旋翼以及旋翼/机身或旋翼/风洞外壁等情况，使用网格速度考虑旋翼和桨叶的运动。对于旋翼/机身或旋翼/风洞等情况，旋翼与固定机身或风洞的相对运动是采用滑移面方法 (Steijl and Barakos, 2008)。

4.4.2 方法验证

采用 UH-60A 直升机飞行测试数据验证本节所建立的直升机飞行性能分析方法。基准直升机气动上接近 UH-60A 直升机。基准旋翼和尾桨参数见表 4.1 和表 4.2。旋翼桨叶翼型和桨叶预扭分布参考文献 (Davis, 1981)。为了进行飞行性能分析，机体模型中仅考虑其所受的气动阻力，分析所采用的计算机体阻力的表达式由式 (4.1) 给出。

因为旋翼桨叶结构特性对直升机需用功率影响很小，因此假定桨叶具有均匀的质量和刚度分布。相较于文献 (Mistry and Gandhi, 2014) 中旋翼转速降低 16%，本节中旋翼转速可降低 30%。由于较小的离心力和较大的桨叶挥舞，铰接式旋翼难以支撑较低的旋翼转速。基准旋翼的构型假定为刚性旋翼，类似于 X2 或者 A160 旋翼飞行器。额定转速时，基准旋翼的基阶挥舞、摆振和扭转频率比分别定为 1.15、1.50 和 6.72。

不同起飞重量时，由经验模型给出的旋翼需用功率预测与飞行测试数据的对比如图 4.34 所示。图中四个状态所对应的起飞重量系数分别为 0.0065、0.0074、0.0083 和 0.0091。很明显，不同起飞重量时经验模型的功率预测与试飞测试数据吻合较好，说明本节建立的模型可应用于直升机飞行性能预测。

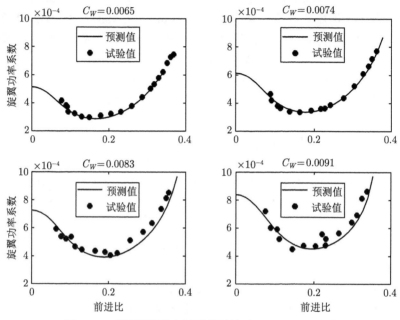

图 4.34   模型预测值与试验值对比 (Yeo et al., 2004)

4.4.3   性能提升

首先探讨单独旋翼变转速或者桨叶变扭转对旋翼需用功率节省的影响，然后分析两者共同作用时旋翼需用功率的变化。功率节省定义为不采用旋翼变体技术时旋翼功率减去采用旋翼变体技术时旋翼功率的差除以不采用旋翼变体技术时旋翼功率。正值代表旋翼功率节省，相应的直升机性能提升；负值代表功率增大，性能下降。直升机起飞重量设置为 8322.4 kg，对应的起飞重量系数为 0.0065。

对于不同的旋翼转速，随着前飞速度的增加，旋翼需用功率如图 4.35 所示，相应的功率节省百分比如图 4.36 所示。随着旋翼转速的降低，旋翼功率通常会降低，图 4.36 中的功率节省都是正值。在 150km/h 前飞速度下，当旋翼转速分别降低 5%、10% 和 15% 时，旋翼需用功率分别降低 7.36%、12.8% 和 16.9%。显然，降低旋翼转速会显著降低旋翼功率，特别是在中高速前飞行时。改变旋翼转速是提高直升机性能的有效手段。对于旋翼转速降低 5% 和 10% 的情况，功率节省会随着前飞速度的增加而增加。旋翼转速降低 15% 时，功率节省首先平稳地增加,然后迅速减小。以 210km/h 的速度飞行时,最大功率节省可达 20.3%。以 250km/h 的速度飞行时,功率节省可达 15.2%。在高速前飞时,不宜过大地降低旋翼转速,因为这会降低桨叶后行侧的马赫数,引发较大的失速区域,并恶化旋翼桨叶前行侧和后行侧的气动环境。这反而会降低由进一步降低旋翼转速所带来的功率节省效果。

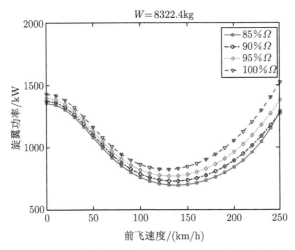

图 4.35 不同旋翼转速时旋翼功率随前飞速度变化曲线

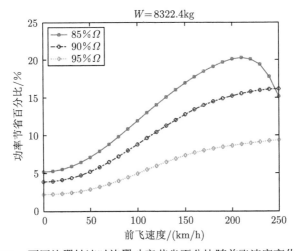

图 4.36 不同旋翼转速时旋翼功率节省百分比随前飞速度变化曲线

不同桨叶扭转时,旋翼需用功率随前飞速度变化曲线如图 4.37 所示,对应的功率节省百分比如图 4.38 所示。悬停时，旋翼功率随桨叶扭转减小而增大，当桨叶扭转由 $-16°$ 分别改变到 $-12°$、$-8°$、$-4°$ 和 $0°$ 时，旋翼需用功率分别增加 0.53%、2.85%、5.38% 和 10.2%。悬停时需要更大的桨叶负扭。随着前飞速度增大，具有更大桨叶负扭的旋翼功率节省效果变差。前飞速度 250km/h 时 (对应前进比 $\mu = 0.315$)，各扭转所对应的旋翼功率分别降低 6.59%、10.1%、9.46% 和 2.86%。功率节省随桨叶扭转先增加后减小，每个前飞速度均存在对应的桨叶负扭。高速飞行时，为了获得更佳的旋翼性能，优选中等负扭的旋翼桨叶。

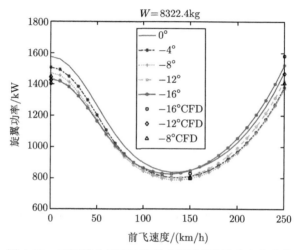

图 4.37　不同桨叶扭转时旋翼功率随前飞速度变化曲线

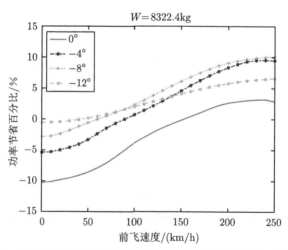

图 4.38　不同桨叶扭转时旋翼功率节省百分比随前飞速度变化曲线

前飞速度分别为 0、150 和 250km/h 时，图 4.39 给出了经验方法和 CFD 方法所预测的功率节省百分比对比。两种方法所得出的功率节省预测一致，悬停和高速前飞时，两方法所预测的功率节省百分比之间的差值不大于 1%，前飞速度为 150km/h 时，该值为 2.23%，对应桨叶扭转为 −8°。这表明，两种分析在分析直升机性能提升时具有极好的一致性。

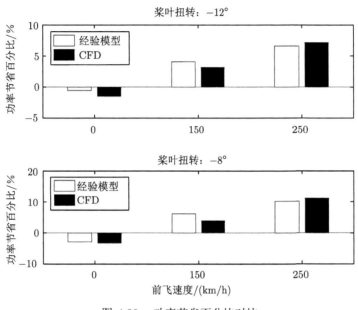

图 4.39 功率节省百分比对比

对于不同的组合旋翼转速和桨叶扭转，随着前飞速度的增加，旋翼需用功率如图 4.40 所示，相应的功率节省如图 4.41 所示。很明显，将旋翼转速降低 10% 可以获得比减小 8° 桨叶负扭更好的性能提升。这表明，改变旋翼转速相较于改变桨叶扭转是提升直升机性能的更有效手段。当前进速度大于 70km/h 时，与旋翼转速的单个变化相比，变化的旋翼转速和桨叶扭转的组合可实现更多的功率节省。悬停和低速时功率节省得较小，归因于桨叶扭转的减少，这反而会增加旋翼需用功率。以 250km/h 的速度前飞时，对于旋翼转速降低了 10%、桨叶扭转减小了 8° 和两者兼而有之三种情况，旋翼需用功率分别节省了 16.2%、10.1% 和 20.6%。这证明了使用组合旋翼变体技术优于单旋翼变体技术。图 4.42 给出了这些情况下的桨叶各剖面迎角分布。迎角由于旋翼转速的降低而增加，并且前行侧和后行侧之间的不对称性增加，这表明旋翼桨叶载荷会增加。桨叶扭转的减小减弱了迎角分布的不对称性，进而会减小桨叶载荷。可以推断，可变桨叶扭转具有减小由旋翼转速变化带来的桨叶载荷的潜力。

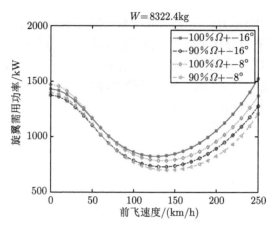

图 4.40　旋翼转速及桨叶扭转对旋翼需用功率的影响

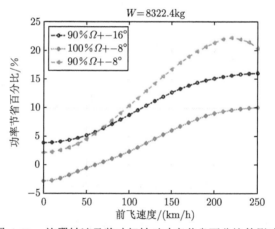

图 4.41　旋翼转速及桨叶扭转对功率节省百分比的影响

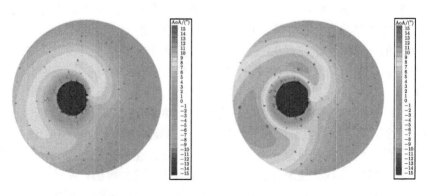

(a) 全转速且−16°桨叶扭转　　　　　　　　　　(b) 90%转速且−16°桨叶扭转

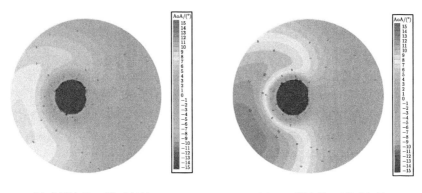

(c) 全转速且−8°桨叶扭转   (d) 90%转速且−8°桨叶扭转

图 4.42   不同转速及桨叶负扭时迎角分布 (250km/h)

4.4.4 最佳性能

为了评估旋翼变转速及桨叶变扭转在旋翼性能提升方面的潜力，探讨了不同前飞速度时旋翼需用功率的最大节省量。旋翼转速的变化按旋翼额定转速的1%的离散间隔进行。桨叶扭转可以从 −16° 变值为 0°，间隔为 1°。前飞速度为 125km/h 时，旋翼功率随旋翼转速和桨叶扭转的变化如图 4.43 所示。旋翼功率随旋翼转速先减小后增大。其也随着桨叶扭转先减小，然后增大。因此，显然存在最大的旋翼功率节省。图 4.44 给出了针对不同的旋翼转速变化限制时的功率节省百分比。很明显，旋翼转速的较大变化可以导致更多的功率节省。如果将转速限制从 20% 更改为 30%，则额外功率节省的效果小于 1.5%。如从 20% 变为10%，额外收益将超过 5.5%。因此，似乎没有必要过度地降低旋翼速度。功率降低随着前飞速度的增加会先增加，然后降低，在中等到高的前飞速度时可以实现更佳的性能提升。前飞速度 200km/h 时，功率节省了 23.7%，对应的旋翼转速为额定转速的 86%，桨叶扭转角为 −9°。图 4.45 和图 4.46 给出了不同前飞速度时最大功率节省所对应的旋翼转速和桨叶扭转。在悬停或低速前飞时，最好更多地降低旋翼转速。更高的前飞速度时，较高的旋翼转速是首选。桨叶扭转的变化呈现出不同的趋势。在悬停和低速前飞时，较大的桨叶负扭是首选；随着前飞速度的增加，最佳的桨叶负扭先减小，然后增加。

图 4.47 给出了三种旋翼变体策略时旋翼功率节省百分比：旋翼变转速、桨叶变扭转和两者相组合。在所研究的整个前飞速度范围内，单独改变旋翼转速可获得比单独的改变桨叶扭转更多的功率节省。对于提升直升机性能而言，旋翼变转速是一种比桨叶变扭转更好的技术。低速前飞时，功率的节省主要是由于旋翼转速的降低，而桨叶扭转变化的影响似乎很小，这部分归咎于最初的 −16° 较大预扭。如果采用较小的初始桨叶预扭为基准，则改变桨叶扭转可以节省一些功率。但

是，一般而言，与桨叶变扭转相比，旋翼变转速可以获得更佳的性能提升。高速前飞时，与单独改变旋翼转速或者桨叶扭转相比，两者相组合可以节省更多的功率。在 250km/h 速度时，改变旋翼转速会带来 17.8％的功率节省，而改变桨叶扭转会带来 10.4％的功率节省。两者相结合，功率节省可达 20.9％。最佳功率节省随前飞速度先增加，然后降低。最大的性能提升发生在中速到高速时。表 4.4 列出了这三种旋翼变体策略中最大功率节省所对应的最优旋翼转速和桨叶扭转。很明显，与单独改变旋翼转速或桨叶扭转所需的转速或者扭转的变化幅值相比，同时改变旋翼转速和桨叶扭转所需的幅值小。

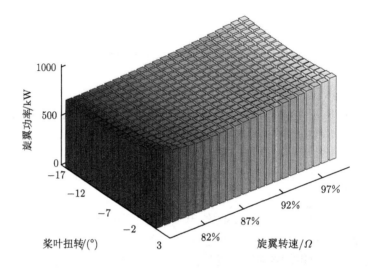

图 4.43　速度 125km/h 时旋翼功率随旋翼转速和桨叶扭转变化

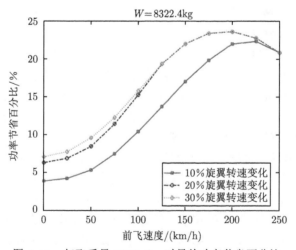

图 4.44　起飞重量 8322.4kg 时最佳功率节省百分比

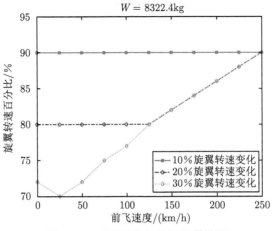

图 4.45　对应最优性能时旋翼转速

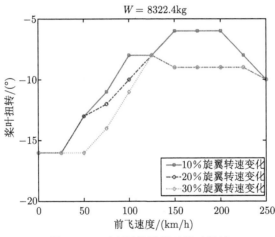

图 4.46　对应最优性能时桨叶扭转

　　采用旋翼变转速技术时, 起飞重量的增加会降低旋翼功率的节省量 (Mistry and Gandhi, 2014)。直升机的起飞重量可能会对通过旋翼转速和桨叶扭转两者共同变化来实现最佳性能的提升产生严重影响。在先前的分析中, 直升机的起飞重量为 8322.4kg ($C_W = 0.0065$)。起飞重量为 10627.0kg ($C_W = 0.0083$) 时, 最佳功率节省百分比以及相应的旋翼转速和桨叶扭转如图 4.48 所示。旋翼转速、桨叶扭转和最佳功率节省的趋势与以前相同。前飞速度为 175km/h 时, 最大功率节省为 10.0%, 相应的旋翼转速比和桨叶扭转为 92% 和 $-12°$。获得的功率节省的幅值明显减小。随着起飞重量的增加, 为实现最佳的性能提升所需的旋翼转速和桨叶扭转的变化变小。

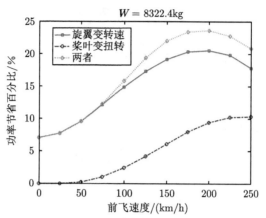

图 4.47   不同旋翼变体策略时功率节省

表 4.4   不同变体策略时旋翼转速和桨叶扭转

前飞速度/(km/h)	旋翼独立变转速	桨叶独立变扭转/(°)	两者同时变化	
			旋翼转速	桨叶扭转/(°)
0	72%	−16	72%	−16
25	70%	−16	70%	−16
50	72%	−13	72%	−16
75	74%	−11	75%	−14
100	77%	−9	77%	−11
125	79%	−8	80%	−8
150	80%	−8	82%	−9
175	82%	−7	84%	−9
200	84%	−6	86%	−9
225	85%	−6	88%	−9
250	87%	−7	90%	−10

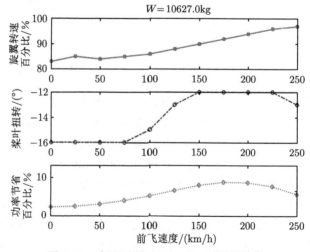

图 4.48   起飞重量 10627.0kg 时最优性能

4.4.5 载荷分析

为了分析旋翼变转速和桨叶变扭转对旋翼桨叶载荷的影响，主要关注桨叶根部的挥舞、摆振和扭转方向载荷。图 4.49 给出 1 阶 (1/rev, 1 per revolution) 到 4 阶桨叶挥舞载荷。旋翼转速降低会带来 1 阶和 4 阶载荷的整体减小，以及 2 阶和 3 阶载荷的整体增大。减小桨叶扭转，1 阶和 4 阶挥舞载荷减小，2 阶和 3 阶载荷增大。挥舞载荷的变化随前飞速度的增大而增加，高速飞行时，差异明显。

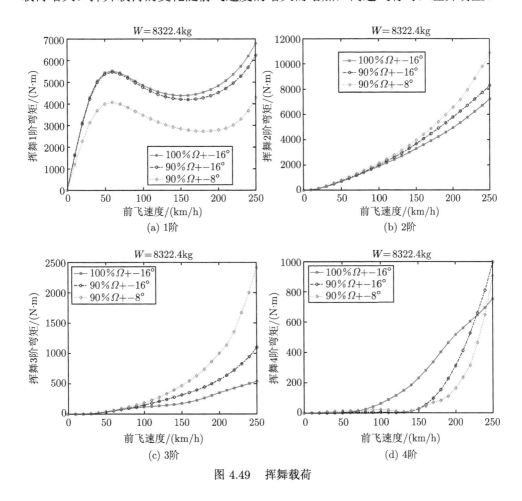

图 4.49　挥舞载荷

图 4.50 给出桨叶根部 1 阶 ~4 阶摆振载荷。降低旋翼转速会带来 1 阶和 4 阶载荷整体减小，2 阶和 3 阶载荷整体上会增大。减小桨叶扭转，1 阶 ~4 阶摆振载荷通常减小，除了高速时 3 阶载荷和低至中速时 4 阶载荷。这表明，改变桨叶扭转可降低由转速变化所带来的载荷。

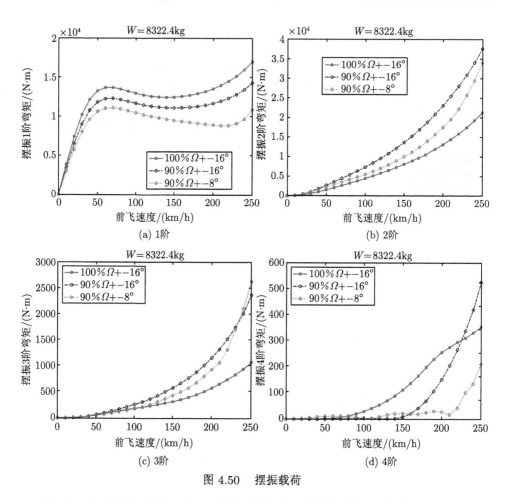

图 4.50　摆振载荷

图 4.51 给出桨叶根部 1 阶 ~4 阶扭转载荷。降低旋翼转速会带来 1 阶 ~4 阶

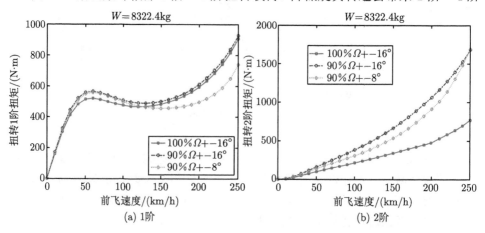

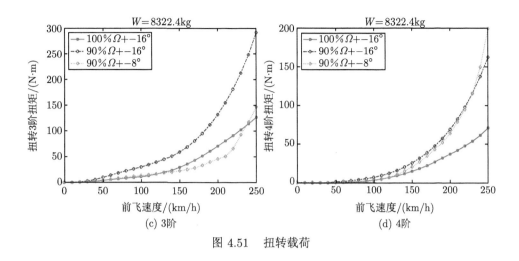

图 4.51　扭转载荷

扭转载荷整体增大。这些载荷通常随桨叶扭转减小而减小，除了高速时 2 阶和 4 阶载荷。改变桨叶扭转可获得整体上的扭转载荷的减小。

4.5　本章小结

本章采用分析模型探讨了桨叶动态扭转用于提升直升机性能的潜力。采用与 UH-60A 直升机试飞数据和 HMB2 预测结果进行对比验证模型的正确性。旋翼功率预测值与飞行实测数据和 HMB2 的预测结果吻合较好，验证了本章模型应用于分析旋翼性能的可行性。分析得到以下结论。

(1) 桨叶动态扭转可用于降低旋翼需用功率和提升直升机性能。

(2) 悬停和低速前飞时，不同阶次谐波桨叶主动扭转所能带来的功率节省很小，该节省效果在高速飞行时变得明显。

(3) 高阶谐波扭转所能获得的功率节省小于低阶谐波扭转。

(4) 周期性谐波扭转所能带来的功率节省较小，0 阶扭转带来的益处明显多于周期谐波扭转。

(5) 直升机起飞重量对桨叶动态扭转所带来的功率节省影响明显。

为研究直升机旋翼动态扭转对旋翼性能的影响，本章基于旋翼动力学综合模型，以 UH-60A 直升机为样例，重点研究动态扭转的三个参数，即幅值、相位和频率对旋翼需用功率和桨盘迎角及升阻比分布的影响，同时分析非线性动态扭转对旋翼性能的进一步提升。得到如下结论。

(1) 在 5° 以内，线性动态扭转的幅值越大，对旋翼需用功率降低的效果就越明显。

(2) 前四阶频率的动态扭转，只要幅值和相位适当，均可以在一定程度上降低旋翼的需用功率，其中，1 阶动态扭转效果最为明显。

(3) 1 阶和 2 阶的动态扭转对旋翼升阻比有一定程度的增益效果，在高速时 2 阶的效果尤为明显，而 3 阶和 4 阶的动态扭转却降低了旋翼升阻比。

(4) 适当的相位会降低旋翼的需用功率，不恰当的相位会导致反流区增大、加重后行侧桨叶气流分离，导致对需用功率的不利影响。

(5) 大部分前飞速度时，内段动态扭转的幅值越小 (大于 2°)，旋翼性能提升效果越明显，外段动态扭转的幅值越大效果越好，且外段动态扭转在旋翼性能提升方面起主要作用。

(6) 动态扭转对旋翼性能的增强效果与前飞速度近似呈线性关系，前飞速度越大，性能提升越明显，通过合理配置内、外段动态扭转的参数，可使 12° 线性负扭桨叶需用功率降低高达 16%，使 20° 线性负扭桨叶需用功率降低高达 29%。

本章将旋翼变转速和桨叶变扭转相结合以降低旋翼需用功率并提升直升机飞行性能。采用了两种建模方法：一种是基于经验的空气动力学模型，其中包括旋翼模型、机体模型、尾桨模型和前飞配平方法；另一种是直升机多块方法 HMB2，该方法基于计算流体动力学。对旋翼需用功率的分析得出以下结论。

(1) 经验方法对旋翼功率的预测与 UH-60A 直升机的飞行实测数据和 CFD 方法非常吻合，表明其可应用于直升机性能分析。

(2) 改变旋翼转速是降低旋翼需用功率并提升直升机飞行性能的有效手段，250km/h 速度时，旋翼转速降低 15% 可带来旋翼功率节省 20.3%，高速前飞时，不宜将旋翼转速降低过多。

(3) 悬停时较大的桨叶扭转和高速前飞时适度的桨叶扭转更有利于旋翼性能提升。

(4) 通常，改变旋翼转速比改变桨叶扭转可以获得更佳的性能提升，与单独改变旋翼转速或桨叶扭转相比，将旋翼变转速和桨叶变扭转相组合可获得更多的功率节省。

(5) 最佳功率节省会随着前飞速度的增加而降低，最佳的性能提升出现在中速到高速时，对应的功率节省可达 23.7% ($C_W = 0.0065$)。

(6) 随着起飞重量的增加，需要较小的旋翼转速变化和桨叶扭转就可获得最佳性能提升，功率节省的益处会减小。

(7) 桨叶变扭转具有降低由旋翼变转速引起的桨叶载荷增大的潜力，特别是对于桨叶摆振和扭转方向载荷。

总而言之，与单独改变旋翼转速或桨叶扭转相比，将旋翼变转速与桨叶变扭转相结合可以显著提升直升机性能。桨叶变扭转可用于由旋翼转速变化带来的桨叶载荷控制。

最后，需要注意的是，本章所获得结果的精确数值仅限于所采用的桨叶，对于采用不同平面形状、翼型、直径等参数的旋翼，最优的相关参数及性能提升水平可能会变化。

第 5 章　桨叶变弦长旋翼和尾桨

变弦长技术实际上是翼型变体技术的一种，通过桨叶弦长变化优化旋翼气动特性，从而提升旋翼性能。本章主要分析桨叶变弦长技术对旋翼和变转速尾桨性能的提升效果。在 5.4 节，提出了一种能被动适应尾桨转速变化的变弦长方法，使其能在不馈入外来能量的条件下适应尾桨转速的变化，达到或接近主动变弦长提升尾桨性能的效果。

5.1　引　　言

矩形旋翼桨叶便于制造，但并不是空气动力学性能的最佳选择，因此旋翼桨叶的平面形式优化是一种有效的方法，可降低悬停和前飞时的旋翼功率并提高直升机的性能。在 20 世纪 40 年代，对桨叶根梢比进行了研究以提高悬停性能，根梢比为 3:1 可使旋翼拉力增加 2%～3%(Gessow, 1948)。研究人员花费了诸多精力去优化桨叶的平面形状，但是大多数直升机旋翼仍然采用矩形桨叶。复合材料的应用使制造非矩形旋翼桨叶变得切实可行，特别是带有先进桨尖旋翼桨叶。被动式旋翼桨叶形状设计已经取得了长足进步，从而带来了直升机旋翼性能的显著提升 (Sikorsky 1960; Mcveigh and Mchugh, 1984; Brocklehurst and Barakos, 2013)，通过优化空气动力学参数可获得更大的旋翼性能提升 (Walsh et al., 1987; Leusink et al., 2015; Vu and Lee, 2015; You and Jung, 2017)。然而，如何进一步提升旋翼性能是一个非常具有挑战性的课题。

Léon 等 (2009) 研究了准静态变弦长，以改善直升机在飞行包线附近的性能，基于 UH-60A 直升机的分析表明该方法可扩展直升机飞行包线。Khoshlahjeh 和 Gandhi (2014) 研究了变弦长旋翼，以扩展直升机飞行包线并提升其性能。Kang 等 (2010) 的分析表明变弦长可降低旋翼功率，尤其是在高速飞行时的功率。这些分析基于准定常后缘板 (变弦长)，结果表明，在大起飞重量和高海拔条件下功率显著降低，在最大速度、起飞重量和飞行高度时的直升机性能得到明显改善。后缘板减小了旋翼后行侧的迎角，并使升力向内侧移动。桨尖的这种卸载减小了阻力和扭矩，因此降低了旋翼需用功率。

在桨叶主动控制中，变弦长在减小旋翼功率方面显示出了巨大的潜力，特别是在高速飞行时 (Kang et al., 2010)。Han 等 (2018) 的研究表明，动态变弦长可以比相同条件的静态变弦长降低更多功率，低阶动态变弦长节省功率效果优于高阶。Han 和 Barakos (2020) 研究了动态变弦长降低旋翼桨毂力和力矩，桨毂力降低最多可达 89.4%。Gandhi 和 Eric (2015) 采用机电驱动和气动驱动，设计、制造了一个旋翼变弦长系统，并进行了悬停试验。Majeti 等 (2020) 研究了线性变弦长，研究结果表明线性变弦长可有效降低直升机悬停和前飞时旋翼需用功率。上述的各类研究表明，1 阶动态变弦长减小了前行侧桨叶的弦长，从而减弱了空气压缩性的影响，而在后行侧增加桨叶弦长，进而降低了桨叶的迎角并推迟失速的发生，由此，旋翼型阻降低，可以节省旋翼需用功率。以前的研究集中于静态或 1 阶变弦长提升直升机性能，特别是在飞行包线边界附近的性能。尽管如此，应该回答静态或者动态变弦长哪个更适宜于提升旋翼性能的问题，对于变弦长的最佳位置和最佳阶数也是如此。

作为提升直升机飞行性能的新方式，直升机旋翼变转速技术得到了越来越多的关注。改变发动机输出轴转速是改变旋翼转速的方法之一，但同时也会改变尾桨转速。尾桨转速降低引起动压降低，导致尾桨最大拉力降低，进而降低尾桨平衡旋翼反扭矩和实施航向控制的能力 (Dong et al., 2018)。直升机高速飞行时，降低尾桨转速可能导致尾桨需用功率增加 (Han and Barakos, 2017)。直升机处于飞行包线边界附近，尾桨功率可达旋翼功率的 20%。对于变转速尾桨，有必要寻找降低需用功率和提升最大拉力的方法，以补偿尾桨转速降低对直升机飞行性能的负面影响。

为进一步提升变转速尾桨性能，将变弦长技术应用于直升机尾桨。提出被动动态变弦长概念，弦长随尾桨转速变化而变化，转速降低，弦长增加，最大拉力增大。这一概念兼顾常规方法与动态变弦长优势，一方面不需要外界输入额外能量，另一方面可以适应变转速直升机不同飞行状态。被动变弦长虽无须外界能量驱动，但对尾桨性能的提升较为有限。为更进一步增强尾桨性能提升效果，在 5.5 中讨论主动变弦长对尾桨性能的提升。

本章着重讨论静态和动态变弦长在降低直升机旋翼和尾桨性能方面的潜力。动态变弦长的研究不仅限于 1 阶，也包含高阶。通过参数分析以挖掘桨叶变弦长技术在提升直升机飞行性能方面的应用潜力。

5.2 模型与验证

5.2.1 性能预测方法

直升机飞行性能预测模型主要包括旋翼模型、尾桨模型、机体模型和前飞配平方法。旋翼模型采用中等变形梁模型，该模型可以描述先进直升机桨叶的几何非线性。桨叶绕铰链和旋翼轴的旋转处理成广义坐标，采用翼型空气动力学查表法给出桨叶剖面翼型升力、阻力和力矩系数，旋翼桨盘上的诱导速度由 Pitt-Peters

入流模型得到 (Peters and HaQuang, 1988)，系统的动力学方程按广义力形式给出，采用 Newmark 数值积分方法计算时域中旋翼的稳态响应 (Owen and Hinton, 1980)，旋翼的桨毂力和力矩由各片桨叶根部的力和力矩合成得到，机身被处理成有气动力和力矩作用的刚体，尾桨的拉力和功率由动量理论和均匀入流模型确定。

　　给定旋翼桨距操纵和机身姿态角的初始值，可计算出给定前飞速度、飞行高度和起飞重量时旋翼稳态响应。旋翼的桨毂力和力矩由作用于机身和尾桨上的力和力矩平衡。这些力和力矩分量构成了直升机的平衡方程，可以通过求解这个方程来更新旋翼总距和纵横向周期变距以及机体姿态角。经过多次的旋翼周期响应的迭代计算和平衡方程的求解，可以得到配平后的桨距角和姿态角，从而得出直升机的旋翼功率和相关信息，流程图如图 5.1 所示。这种建模方法已被用于分析舰面旋翼的瞬态气动弹性响应，以及通过旋翼变转速和桨叶变扭转来提升直升机性能 (Han et al., 2012; Han et al., 2016)。

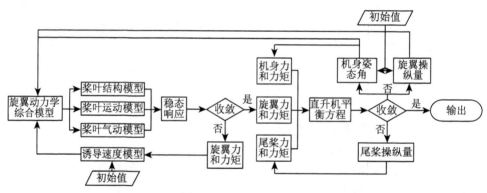

图 5.1　性能预测流程图

5.2.2　翼型空气动力学

　　可变的弦长可以改变桨叶前缘至后缘连接的长度，从而改变翼型的气动特性。如图 5.2 所示，给定合适的变弦长展开角 (如 $\delta = 2°$) (Khoshlahjeh and Gandhi, 2014)，翼型气动升力系数几乎没有变化。由于本章工作的重点是探讨静态和动态变弦长对旋翼性能的影响，因此本章尚未开展可伸展弦长对翼型气动特性的影响研究。带有变弦长的翼型的升力、阻力和力矩系数 $\bar{C}_l$、$\bar{C}_d$ 和 $\bar{C}_m$ 与基准翼型的升力、阻力和力矩系数 C_l、C_d 和 C_m 之间存在如下关系 (Khoshlahjeh and Gandhi, 2014)：

$$\begin{cases} \bar{C}_l = (1+\varepsilon)C_l \\ \bar{C}_d = (1+\varepsilon)C_d \\ \bar{C}_m = (1+\varepsilon)^2 C_m \end{cases} \tag{5.1}$$

式中，ε 表示弦长增加量与基准弦长 c 的比值，弦长的增加等效于气动系数的增加。

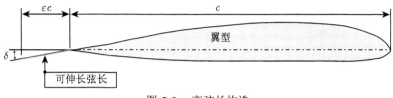

图 5.2　变弦长构造

5.2.3　尾桨性能计算

尾桨模型基于刚体桨叶，考虑尾桨倾斜角，用于平衡旋翼反扭矩的净拉力为

$$T_{\text{TR}}^{\text{net}} = F_{\text{TR}} T_{\text{TR}} \cos \alpha_{\text{CANT}} \tag{5.2}$$

式中，T_{TR} 为尾桨拉力；α_{CANT} 为尾桨倾斜角；F_{TR} 为垂尾引起的尾桨阻塞效应 (Padfield, 2007; Lynn et al., 1970)

$$F_{\text{TR}} = 1 - \frac{3}{4} \frac{S_{\text{FN}}}{S_{\text{TR}}} \tag{5.3}$$

其中，S_{FN} 为垂尾面积；S_{TR} 为尾桨面积。

净拉力平衡旋翼反扭矩：

$$T_{\text{TR}}^{\text{net}} = \frac{P_{\text{MR}}}{\Omega_{\text{MR}} L} \tag{5.4}$$

式中，P_{MR} 为旋翼需用功率；Ω_{MR} 为旋翼转速；L 为尾桨桨毂中心到旋翼轴的距离。联立式 (5.2)、式 (5.4) 可得尾桨拉力为

$$T_{\text{TR}} = \frac{P_{\text{MR}}}{\Omega_{\text{MR}} L F_{\text{TR}} \cos \alpha_{\text{CANT}}} \tag{5.5}$$

尾桨总距初始值由经验公式得到：

$$\theta_0 = 3 \left(\frac{2C_{\text{TR}}}{a\sigma} + \frac{\lambda}{2} - \frac{1}{4} \left(1 + \mu^2\right) \theta_{tw} \right) \Big/ \left(1 + \frac{3}{2}\mu^2\right) \tag{5.6}$$

式中，C_{TR} 为尾桨拉力系数；a 为升力线斜率；σ 为尾桨实度；λ 为尾桨流入比；μ 为尾桨前进比；θ_{tw} 为尾桨预扭角。

　　由叶素理论得到尾桨拉力和扭矩，如图 5.3 所示，直升机前飞过程中，桨叶剖面来流有

$$U_T = \Omega r + V \sin \psi \tag{5.7}$$

$$U_P = v_i \tag{5.8}$$

$$U = \sqrt{U_T^2 + U_P^2} \tag{5.9}$$

式中：ψ 为尾桨方位角；v_i 为尾桨诱导速度，按均匀流处理。

　　来流角为

$$\phi = \arctan \frac{U_P}{U_T} \tag{5.10}$$

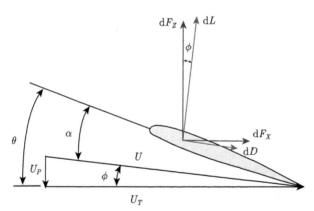

图 5.3　尾桨叶素合速度与气动环境 (Leishman, 2006)

迎角为

$$\alpha = \theta_0 + \frac{r}{R}\theta_{tw} - \phi \tag{5.11}$$

由合速度 U 与当地声速可以得到马赫数，根据马赫数与迎角查二维翼型表，得到叶素的升力系数 C_l 和阻力系数 C_d，从而求得叶素的升力和阻力：

$$dL = \frac{1}{2}\rho U^2 c dr C_l \tag{5.12}$$

$$dD = \frac{1}{2}\rho U^2 c dr C_d \tag{5.13}$$

式中，c 为尾桨桨叶弦长。

设尾桨桨叶片数为 N_b，由尾桨半径 r 处叶素的升力和阻力，得到对应尾桨拉力和扭矩微元：

$$dT = N_b \cdot \frac{1}{2}\rho U^2 c \left(C_l \cos \phi - C_d \sin \phi\right) dr \tag{5.14}$$

$$dQ = N_b \cdot \frac{1}{2}\rho U^2 c \left(C_l \sin \phi + C_d \cos \phi\right) r dr \tag{5.15}$$

沿径向和周向对尾桨拉力和扭矩微元进行数值积分可得给定尾桨总距时的拉力与扭矩：

$$T_{\mathrm{TR}} = \frac{N_b}{2\pi} \int_0^{2\pi} \int_0^R \frac{1}{2}\rho U^2 c \left(C_l \cos \phi - C_d \sin \phi\right) dr d\psi \tag{5.16}$$

$$Q_{\mathrm{TR}} = \frac{N_b}{2\pi} \int_0^{2\pi} \int_0^R \frac{1}{2}\rho U^2 c \left(C_l \sin \phi + C_d \cos \phi\right) r dr d\psi \tag{5.17}$$

进一步得到尾桨功率为

$$P_{\mathrm{TR}} = Q_{\mathrm{TR}} \Omega_{\mathrm{TR}} \tag{5.18}$$

将式 (5.5) 尾桨拉力无量纲化，得到目标尾桨拉力系数 C_{TR}(目标)。将式 (5.16) 尾桨拉力无量纲化，得到给定尾桨总距时的拉力系数 C_{TR}。二者作差后修正尾桨总距，迭代计算 C_{TR}，当 $|C_{\mathrm{TR}} - C_{\mathrm{TR}}\,(\text{目标})| < 1.0 \times 10^{-5}$ 时，停止迭代。

5.2.4 模型验证

采用 UH-60A 直升机的飞行数据验证本章中的建模方法 (Yeo et al., 2004)，旋翼和尾桨的参数由表 5.1 和表 5.2 给出 (Hilbert, 1984; Davis, 1981)，对于性能分析，在直升机飞行性能模型中仅考虑机身的气动阻力可以给出可接受精度的性能预测 (Yeo et al., 2004)。机体阻力方程为

$$\frac{D}{q} = 0.0158 + (0.064\alpha_s)^2 \tag{5.19}$$

式中，D 是机体阻力；q 是动压；α_s 是俯仰角。基准直升机的几何参数与 UH-60A 直升机相同。为了减少桨叶结构的柔性对旋翼性能的影响，采用了具有均匀桨叶特性的无铰式旋翼桨叶。基准旋翼在全转速下的挥舞、摆振和扭转频率比分别为 1.14、1.40 和 6.50。直升机起飞重量系数为 0.0065、0.0074、0.0083 和 0.0091 时，旋翼功率的预测值与飞行测试数据的比较如图 5.4(a) 所示。尾桨功率的预测值与飞行测试数据比较如图 5.4(b) 所示。很明显，在这些起飞重量时，本章方法的预测结果与飞行测试数据非常吻合，说明所建立的数学模型可应用于直升机旋翼和尾桨的性能分析。

表 5.1　旋翼参数

参数	数值
旋翼半径/m	8.18
额定转速/(rad/s)	27.0
桨叶弦长/m	0.527
桨叶扭转	非线性
桨叶翼型	SC1095/SC1094R8
桨叶片数	4
挥舞铰偏置量/m	0.381
单位桨叶质量/(kg/m)	13.9
纵向轴倾斜角/(°)	3

表 5.2　尾桨参数

参数	数值
尾桨半径/m	1.68
额定转速/(rad/s)	124.6
桨叶弦长/m	0.25
桨叶扭转角/(°)	−18
桨叶翼型	SC1095
桨叶片数	4
尾桨倾斜角/(°)	20
尾桨桨毂中心到旋翼轴的距离/m	9.93

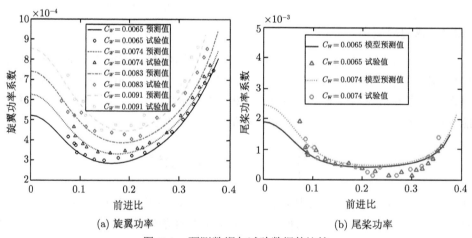

(a) 旋翼功率　　　　　　　　　(b) 尾桨功率

图 5.4　预测数据与试验数据的比较

5.3　桨叶变弦长对旋翼性能的提升研究

以下分析基于 UH-60A 直升机, 以海平面飞行和起飞重量 9474.7kg (起飞重量系数为 0.0074) 为基准。在下面的分析中, 研究了四个以 $10\%R$ (R, 旋翼半径)

为宽度 (位置①、位置②、位置③和位置④) 的变弦长，如图 5.5 所示，变弦长的起始点位置分别是 $52.3\%R$、$62.3\%R$、$72.3\%R$ 和 $85.4\%R$。本章主要探讨静态和动态变弦长构型，以挖掘其在悬停和前飞时提升旋翼性能的潜力。对于静态变弦长，弦长不会随方位角变化。对于动态变弦长，弦长按预给定的谐波运动规律变化。

为了确定旋翼功率节省方面的益处多少，功率节省百分比定义为

$$\eta = (1 - P/P_b) \times 100\% \tag{5.20}$$

式中，P 是具有变弦长的旋翼功率；P_b 是没有变弦长的基准旋翼功率。

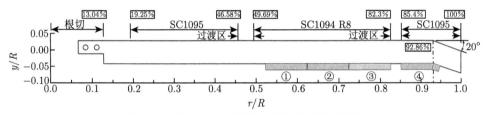

图 5.5　以 UH-60A 旋翼为基准的变弦长构造

5.3.1　静态变弦长

可伸长的弦长长度设定为桨叶弦长的 20%，即 $\varepsilon = 20\%$。图 5.6 给出了不同位置处静态变弦长对旋翼功率降低的影响。悬停时，旋翼需用功率会随着变弦长位置接近桨尖而增加，静态变弦长的最佳放置在桨叶的中间部分 (位置①)，而且，位置①处时的功率降低幅值较小。巡航时，功率降低为负值，这意味着带有静态变弦长的旋翼需要一些额外的功率。高速飞行时，变弦长降低旋翼功率的效果变得明显。$300\mathrm{km/h}$ 的速度前飞时，位置①、位置②、位置③和位置④处的功率节省分别为 0.37%、0.96%、1.27% 和 0.55%。静态变弦长可用于降低高速飞行时旋翼需用功率并提高直升机性能。位置③时的功率节省效果比位置④的好，这表明，高速飞行时降低旋翼功率的最佳位置不是桨尖，而是桨尖以内。$300\mathrm{km/h}$ 速度时，可伸长弦长安装在 $62.3\%R \sim 82.3\%R$ (图 5.6 所示的位置②+③) 可以节省 1.90% 的功率，这比位置②或位置③处的值大。高速飞行时，较宽的可伸长弦长是首选。1.90% 的功率节省小于 0.96% 和 1.27% 的总和，这表明功率节省不是两个部分的收益的线性相加。

不同飞行速度时，静态变弦长的不同部署位置会对旋翼功率产生不同的影响。悬停和 $300\mathrm{km/h}$ 前飞速度时，不考虑静态变弦长，旋翼桨盘上的桨叶剖面翼型的升阻比 (L/D) 分布如图 5.7 所示。悬停时，L/D 的最大值位于 $35\%R \sim 75\%R$ 位置。在桨叶的内侧或外侧部分，效率会降低，很明显，这些位置不适合部署静态

变弦长。高速飞行时，最有效的产生升力的前行侧桨叶部分，向内侧移动，而后行侧的相应部分向外侧移动。静态变弦长最好放置在内侧并靠近桨尖的区域，以平衡前行侧和后行侧的效率。高速直升机 X2 旋翼桨叶的最宽处位于 $75\%R$ 附近，证实了上述变弦长最佳配置位置的结论 (Bagai, 2008)。

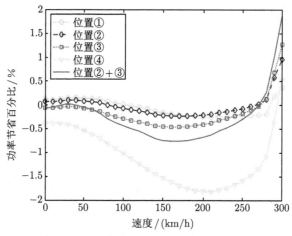

图 5.6   不同变弦长位置的功率节省百分比

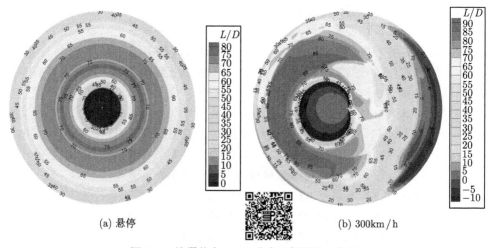

(a) 悬停   (b) 300km/h

图 5.7   旋翼桨盘 L/D 分布 (彩图见二维码)

300km/h 速度飞行时，部署和没有部署静态变弦长旋翼的桨盘剖面迎角 (AoA) 分布如图 5.8 所示。后行侧的迎角降低明显，尤其是 8° 附近区域。弦长的增大增加了旋翼实度，更多的桨叶面积可用来产生升力。自然地，迎角减小，后行侧的失速被推迟。分析中,旋翼的实度增加了 2%,该值相当小,自然地,功率降低的值也很小。

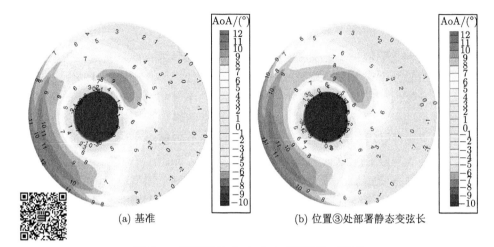

(a) 基准　　　　　　　　　(b) 位置③处部署静态变弦长

图 5.8　旋翼桨盘 AoA 分布 (彩图见二维码)

图 5.9 给出了静态变弦长不同伸长量对功率节省百分比的影响 (位置③)。从悬停到中高速飞行,功率都无法降低。高速飞行时,功率降低急速增加。悬停和低速飞行时,长度的影响整体上很小,且静态变弦长带来的功率增加值有限。巡航时,功率增加较为明显,部署静态变弦长并无益处。高速飞行时,更需要较长的弦长。结果表明,伸长量为 30% 时 (对应旋翼实度增加 3%),旋翼需用功率节省 1.68%。从功率节省的角度来看,静态变弦长更适合在高速飞行时部署。

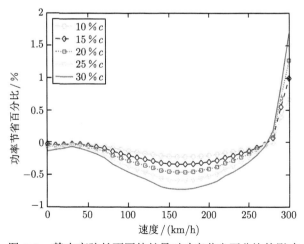

图 5.9　静态变弦长不同伸长量对功率节省百分比的影响

5.3.2　1 阶输入动态变弦长

对于动态变弦长，弦长按下述规律变化：

$$\varepsilon = A(1.0 + \sin(n\Omega t + \phi)) \tag{5.21}$$

式中，A 是伸长幅值；n 是变弦长阶数；Ω 是旋翼转速；ϕ 是变弦长初相。

在下面的分析中，动态变弦长放置在位置③处，伸长幅值为 $10\%c$。图 5.10 给出动态变弦长 1 阶输入的相位对旋翼功率及功率节省百分比的影响。悬停和低速前飞时，功率的变化相当有限。随着前飞速度的增加，当相位移到合适的角度时，功率节省可以增加。300km/h 速度时，功率节省最多可达 1.60%，该值是采用 $20\%c$ 伸长量静态变弦长所获得的功率节省的 1.26 倍。在功率节省方面，动态变弦长优于静态变弦长。另一个好处是，它可以使整个速度范围内的需用功率降低，在悬停和极低速飞行时的功率节省几乎为零。与最大功率节省相对应的相位为 160°，且不随速度变化。在此相位，可伸长弦长在前行侧缩回，在后行侧延伸。很明显，弦长的增加会降低后行侧的迎角并推迟失速的发生。与静态变弦长相比，动态变弦长可在前行侧缩回以减少阻力，而静态变弦长无法做到这一点，从而导致较少的功率节省。300km/h 速度时，部署了动态变弦长的旋翼桨盘上迎角分布如图 5.11 所示。与图 5.8 所示的基准分布相比，主要变化是后行侧迎角的降低，从而推迟失速、节省了功率，此分布与静态变弦长类似。

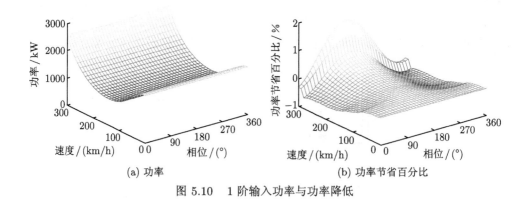

(a) 功率　　　　　　　　　　　　　　　　(b) 功率节省百分比

图 5.10　1 阶输入功率与功率降低

不同前飞速度时，输入幅值对功率节省百分比的影响如图 5.12 所示。很明显，功率节省随伸长幅值增加，这种增加几乎是线性的，较大伸长幅值时的功率节省增加量略微减小。中低速飞行时，功率可以降低，但降低幅值很小，这说明动态变弦长更适合部署于高速飞行状态。增加伸长量幅值可有效提高动态变弦长的性能。

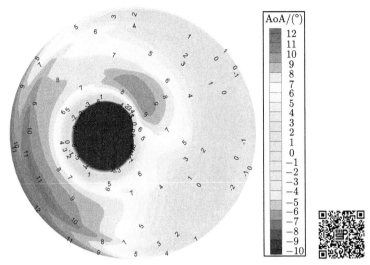

图 5.11　部署了动态变弦长旋翼桨盘迎角分布 (彩图见二维码)

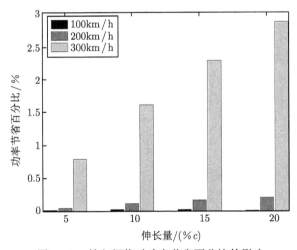

图 5.12　输入幅值对功率节省百分比的影响

图 5.13 给出了动态变弦长的位置对功率节省百分比的影响。很明显，最佳位置是桨尖 (位置④)，与静态变弦长的最佳位置 (位置③) 不同。与位置③处且相位为 160° 时的功率节省相比，位置④处的功率节省增加了 40%，这是更为显著的性能提升，表明动态变弦长最好布置在桨尖。对于不同的位置，动态变弦长的最佳相位几乎相同。在位置①处，相位为 180°；在位置④处，相位为 160°。动态变弦长最好部署在后行侧，并在前行侧缩回。

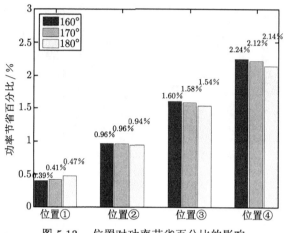

图 5.13　位置对功率节省百分比的影响

　　图 5.14 给出了不同起飞重量时的功率节省百分比。随着起飞重量的增加，可以节省更多的功率，尤其是高速飞行时。280km/h 速度飞行时，起飞重量从8322.3kg 变为 10627.0kg (起飞重量系数从 0.0065 变为 0.0083)，功率节省从 0.43%增加至 2.33%。更大的起飞重量时，动态变弦长可以在所研究的整个速度范围内实现功率节省。相反，动态变弦长难以在较小起飞重量时降低旋翼需用功率。更大的起飞重量或大拉力可以提升动态变弦长的性能。以此类推，动态变弦长可以在高空飞行时获得更佳的性能。

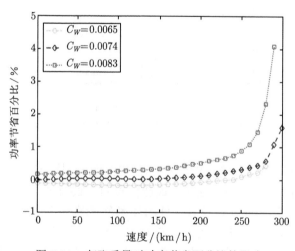

图 5.14　起飞重量对功率节省百分比的影响

图 5.15 比较了单个动态变弦长 (位置②或位置③) 和叠加两个动态变弦长 (位置②+③) 所能获得的功率节省百分比。对于位置②或位置③处的动态变弦长，相位移至 160°。对于组合的两个动态变弦长，位置③处的动态变弦长移至 160°，位置②的动态变弦长的相位移至 170°。这些相位与最大功率节省相对应。两个组合动态变弦长所能获得的功率节省比单个动态变弦长多。组合动态变弦长对应的功率节省为 2.40%，小于位置②处的动态变弦长所能获得的 0.97% 与位置③处的 1.60% 的功率节省之和。由此可知，两位置之间的干扰会降低两个动态变弦长的整体性能。功率节省 2.40% 比在位置 ②+③ 处伸长幅值为 $20\%c$ 的组合静态变弦长所能获得的功率节省 1.90% 大很多。

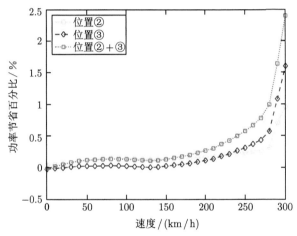

图 5.15　两个动态变弦长对功率节省百分比的影响

5.3.3　高阶输入动态变弦长

图 5.16 给出 2 阶输入时的功率节省百分比。从悬停到中速飞行，所需功率增加。高速飞行时，如果采用合适的相位，则功率节省会急剧增加。该趋势类似于 1 阶变弦长。最大功率节省可达 1.21%，该值小于 1 阶变弦长所能获得的功率节省，这表明 1 阶动态变弦长比 2 阶更适合于降低旋翼需用功率。当 2 阶动态变弦长移至最佳相位 160° 且速度大于 220km/h 时，可以获得功率节省。在所研究的整个速度范围内难以都实现功率节省。

图 5.17 比较了位置③处不同长度的静态变弦长和不同阶次动态变弦长的功率节省百分比。对于动态变弦长，幅值取为 $10\%c$，并且将相位移至对应于最大功率节省的最佳值。1 阶输入可比其他阶次输入和静态变弦长节省更多功率。3 阶和 4 阶可以降低高速飞行时的旋翼功率。即使这些速度时，功率节省也很小，不

到 1.0%。静态变弦长具有与高阶阶次输入类似的性能。从低速到中速时，伸长量较长的静态变弦长比较短的有更多的功率损耗副作用。高速飞行时，较大的伸长量更适宜。在使用动态变弦长提升直升机性能时，需细致考虑其带来的负面作用，如驱动功率损耗、结构重量和系统可靠性等。

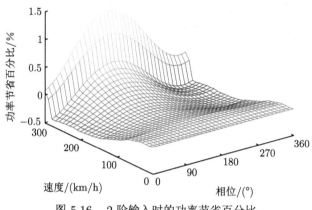

图 5.16　2 阶输入时的功率节省百分比

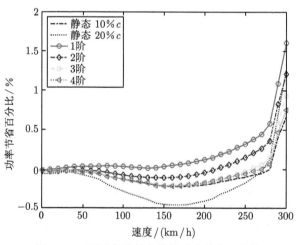

图 5.17　不同变弦长方法的功率节省百分比

5.4　被动变弦长提升变转速尾桨性能

尾桨变弦长布置于桨叶径向一定范围内，如图 5.18 所示。变弦长具有一定宽度，本章按 10%R (R 为尾桨半径) 给定。径向位置起始点一共 6 个，分别为 40%R、50%R、60%R、70%R、80%R 和 90%R。

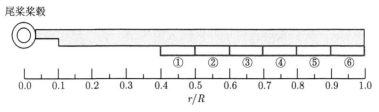

图 5.18　桨叶变弦长径向结构

5.4.1　静态变弦长

静态变弦长是动态变弦长的基础，其伸长量不随方位角一同改变，尾桨桨叶处于不同方位角时伸长量均为某一固定值。本节主要研究变量为变弦长径向位置起始点与伸长量，讨论直升机处于不同前飞速度时它们对尾桨需用功率的影响，以及它们的改变对功率节省效果所造成的影响。为了分析变弦长的内在机理，将作出不同条件下的尾桨升阻比分布图与迎角分布图，对不同变弦长布置方案的优劣给出合理的解释。另外，本节还讨论了变弦长同时布置于两个位置的效果与直升机起飞重量系数改变对变弦长效果的影响。

1. 径向位置

1) 功率

对于无变弦长的基准飞行状态，计算获得其前飞需用功率曲线，作为基准曲线。给定弦长伸长量为 $20\%c$，对于位置①~ 位置⑥，分别作前飞需用功率曲线，如图 5.19(a) 所示。根据尾桨功率节省百分比的定义，可以得到不同位置静态变弦长的功率节省百分比曲线，如图 5.19(b) 所示。直升机处于悬停状态时，静态变弦长对尾桨功率影响很小，布置于位置③时功率节省百分比最大，但仅为 0.17%，布置于位置⑥时，反而会造成功率增加，功率节省百分比为 −0.06%。直升机低速至中速飞行中静态变弦长会造成尾桨功率增加，变弦长布置于位置①、直升机前飞速度为 205km/h 时开始起功率节省的作用，随着变弦长位置靠近桨尖，这一前飞速度逐渐变高。直升机高速飞行时，静态变弦长降低尾桨功率效果明显，布置于位置④时，功率节省百分比为最大值 4.90%，对应功率降低 10.7kW。值得注意的是，静态变弦长布置于位置③时虽然最大功率节省百分比略低于位置④，但是在直升机低中速飞行状态带来的功率增加较小。另外，静态变弦长布置于桨尖附近对于尾桨功率在大部分速度范围内起负面效果，说明静态变弦长不适合布置于桨尖附近。

2) 升阻比

直升机处于悬停状态时，无变弦长的尾桨升阻比分布如图 5.20(a) 所示。升阻比最大的区域位于径向 $45\%R \sim 75\%R$，这个区域内外升阻比均会减小。静态变弦长布置于位置③，即 $60\%R \sim 70\%R$ 时功率节省百分比最大，正好位于图中升阻比最大的区域。变弦长适合位于升阻比大的区域，大升阻比可以提高变弦长的效率。直升机以 $300\mathrm{km/h}$ 速度前飞时，无变弦长的尾桨升阻比分布如图 5.20(b) 所示。方位角为 $0°$ 和 $180°$ 附近升阻比较大，位于径向 $30\%R \sim 80\%R$，前行侧升阻比较小，后行侧径向 $0 \sim 60\%R$ 升阻比很小。静态变弦长布置于位置④，即 $70\%R \sim 80\%R$ 时功率节省百分比最大，一方面利用了 $0°$ 和 $180°$ 附近升阻比较大的区域，另一方面避免了后行侧升阻比很小的区域。值得注意的是，直升机以 $300\mathrm{km/h}$ 速度前飞时，尾桨升阻比分布与旋翼升阻比分布完全不同，对于旋翼而言，除反流区外后行侧升阻比很大，前行侧径向 $60\%R$ 附近升阻比较大，变弦长最好布置于靠近桨尖的内侧区域，以平衡前行侧和后行侧的效率。虽然升阻比分布不同，但是静态变弦长对于旋翼和尾桨最佳的布置区域是接近的。

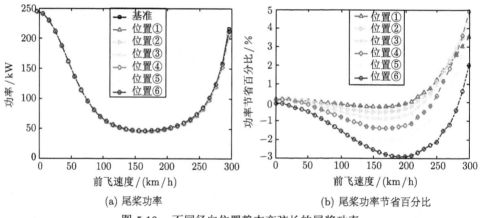

(a) 尾桨功率　　　　　　　　　　　　(b) 尾桨功率节省百分比

图 5.19　不同径向位置静态变弦长的尾桨功率

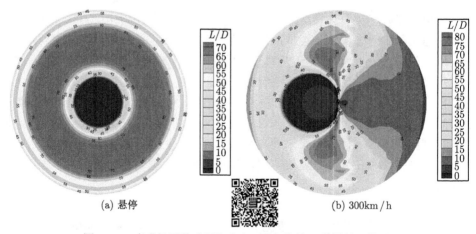

(a) 悬停　　　　　　　　　　　　(b) 300km/h

图 5.20　直升机尾桨升阻比分布 (无变弦长) (彩图见二维码)

3) 迎角

直升机处于悬停状态时，无变弦长的尾桨迎角分布如图 5.21(a) 所示。与升阻比分布近似，中部迎角较大，内部及外部迎角较小。直升机以 300km/h 速度前飞时，无变弦长的尾桨迎角分布如图 5.21(b) 所示。前行侧的迎角明显大于后行侧，与旋翼迎角分布完全不同。尾桨因为只有总距操纵而无周期变距操纵，前行侧产生的升力远远高于后行侧。直升机前飞速度为 300km/h，变弦长位于位置④，伸长量为 20%c，尾桨迎角分布如图 5.21(c) 所示。变弦长尾桨迎角略微减小，推迟气流分离和失速的发生，降低尾桨需用功率。

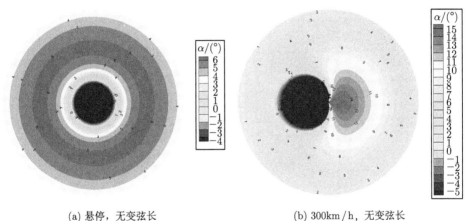

(a) 悬停，无变弦长　　　　　　　　(b) 300km/h，无变弦长

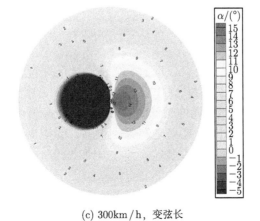

(c) 300km/h，变弦长

图 5.21　直升机尾桨迎角分布 (彩图见二维码)

2. 伸长量

静态变弦长布置于位置④，弦长伸长量分别为 5%c，10%c，⋯，30%c 的功率节省百分比曲线如图 5.22 所示。图中各条曲线近似相交于前飞速度 243km/h，因为这一区分变弦长是否起降低功率作用的速度点主要取决于变弦长径向位置。直升机悬停状态，静态变弦长对尾桨功率影响很小，伸长量越大，功率节省百分比越大。直升机低中速飞行状态，静态变弦长造成尾桨功率增加，伸长量越大，功率增加越多，前飞速度为 170km/h，伸长量为 30%c 时，功率节省百分比为 −2.06%。直升机高速飞行中，伸长量越大，功率节省百分比越大，伸长量为 30%c 时最大可达 7.03%。

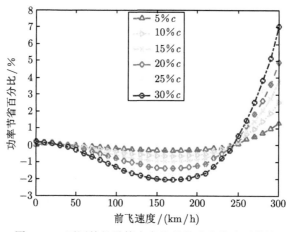

图 5.22　不同伸长量静态变弦长的功率节省百分比

3. 多位同置

静态变弦长伸长量为 20%c，同时布置于位置③和位置④显著提高了高速飞行中的功率节省百分比，如图 5.23 所示。直升机前飞速度为 300km/h 时，功率节省百分比为 8.90%，相同伸长量和前飞速度时，位置③处功率节省百分比为 4.71%，位置④处为 4.90%，两者之和为 9.61%，说明变弦长同时布置于两个位置的效果不是单独布置的线性叠加。不过，变弦长同时布置于两个位置在中低速飞行中带来的负面影响也增加了。

4. 起飞重量系数

静态变弦长布置于位置④，弦长伸长量为 20%c，直升机起飞重量系数分别为 0.0065 和 0.0074 的功率节省百分比曲线如图 5.24 所示。起飞重量系数不同时，直升机基准尾桨功率不同，起飞重量系数 0.0065 基准尾桨功率小于起飞重量系数 0.0074。起飞重量系数增加时，尾桨功率节省百分比增加，显示了变弦长在高起飞重量系数情形下的潜在价值。

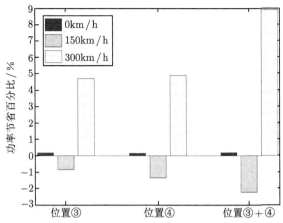

图 5.23   多位同置静态变弦长的功率节省百分比

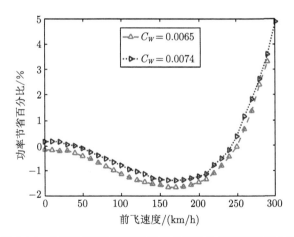

图 5.24   不同起飞重量系数静态变弦长的功率节省百分比

5.4.2 变转速尾桨变弦长

1. 引言

变转速旋翼方面研究已经很多，对于高速直升机，在高速飞行中降低旋翼转速可以带来很多好处。如果通过降低发动机输出轴转速来降低旋翼转速，则会同时降低尾桨转速。旋翼转速降低会导致反扭矩的增加，那么所需平衡反扭矩的尾桨拉力随之增加，但尾桨转速降低会导致尾桨最大拉力降低，从而导致偏航操纵裕度减小。并且，在高速飞行中，尾桨转速降低会导致尾桨功率增加 (Han and Barakos, 2017)。

变弦长可以降低尾桨功率，同时还可以增加拉力。针对变转速尾桨，采用变弦长可能消除有关负面影响，提升尾桨性能。本节中，将讨论两种变转速，第一种是旋翼与尾桨转速同时改变，旋翼与尾桨转速的比值保持为某一固定值，第二种只改变尾桨转速，旋翼转速保持不变。对于两种变转速形式，将分别讨论尾桨静态变弦长对尾桨需用功率、总距、拉力的影响，也将作出不同条件下的尾桨迎角分布图。对于独立尾桨变转速，将介绍被动动态变弦长。

2. 旋翼与尾桨同时变转速

1) 功率

本小节中，旋翼与尾桨转速同时改变，$100\%\Omega$ 指额定旋翼转速与额定尾桨转速，$90\%\Omega$ 指旋翼转速与尾桨转速均变为各自额定转速的 90%，$80\%\Omega$ 同理。对于不同尾桨转速，变弦长均为静态变弦长，伸长量为 $20\%c$，布置于位置④。对于不同转速，无变弦长与有变弦长的尾桨，分别作前飞需用功率曲线，如图 5.25(a) 所示。根据尾桨功率节省百分比的定义，可以得到变转速尾桨有无变弦长的功率节省百分比曲线，如图 5.25(b) 所示。变转速对尾桨功率影响占主导地位，变弦长起辅助作用。直升机悬停及低速飞行时，旋翼转速降低导致反扭矩增加，尾桨拉力增加，尾桨诱导功率随之增加，由于此飞行状态下诱导功率占需用功率的主要部分，尾桨需用功率增加。直升机巡航飞行中，型阻功率占需用功率比例增加，尾桨转速降低后，型阻功率降低，尾桨需用功率降低。直升机高速飞行中，尾桨转速降低导致更多区域发生失速，尾桨需用功率大幅增加。值得注意的是，旋翼与尾桨转速不能过低，对于 $80\%\Omega$ 情形，直升机悬停至低中速飞行中都出现了严重失速，导致尾桨需用功率大幅增加。尾桨转速降低后，变弦长在不同直升机飞行速度起不同效果，在直升机低速与高速飞行中可以略微减弱降转速的负面影响，直升机悬停状态下，$90\%\Omega$ 无变弦长尾桨功率节省百分比为 -10.6%，变弦长尾桨功率节省百分比为 -9.99%，然而，在直升机中速飞行中变弦长会导致功率节省百分比略微降低，直升机前飞速度为 210km/h 时，$90\%\Omega$ 无变弦长尾桨功率节省百分比为 17.6%，变弦长尾桨功率节省百分比为 17.1%。

2) 总距

对于前面所述的尾桨，作总距随前飞速度变化的曲线，如图 5.26 所示。变转速对尾桨总距影响占主导地位，变弦长起辅助作用。旋翼转速降低导致反扭矩增加，尾桨总距随之增加以产生更大的尾桨拉力来平衡反扭矩。变弦长尾桨总距略微降低。

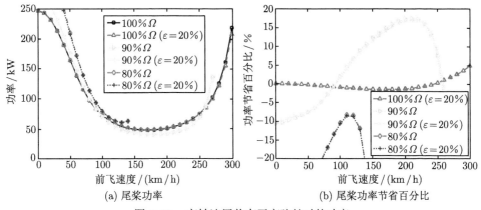

(a) 尾桨功率   (b) 尾桨功率节省百分比

图 5.25　变转速尾桨有无变弦长时的功率

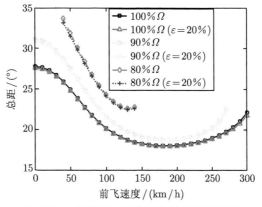

图 5.26　变转速尾桨有无变弦长时的总距

3) 迎角

直升机以 210km/h 速度前飞时，额定转速且无变弦长的尾桨迎角分布如图 5.27(a) 所示。直升机前飞速度为 210km/h，静态变弦长位于位置④，伸长量为 20%c，额定转速尾桨迎角分布如图 5.27(b) 所示，变弦长尾桨迎角略微减小。直升机以 210km/h 速度前飞时，90%Ω 无变弦长的尾桨迎角分布如图 5.27(c) 所示。与额定转速尾桨相比，降转速尾桨迎角增加，主要因为动压随尾桨转速降低。同一前飞速度与转速，变弦长尾桨迎角分布如图 5.27(d) 所示，可见尾桨迎角略微减小，变弦长对尾桨迎角影响很小，变转速对尾桨迎角影响比变弦长大得多。

4) 拉力

对于前面所述的尾桨，作尾桨最大拉力随前飞速度变化的曲线，如图 5.28 所示。直升机前飞速度增加时，尾桨最大拉力一般随之增加。变转速对尾桨最大拉力影响占主导地位，变弦长起辅助作用。尾桨转速降低引起动压降低，进而导致最大拉力降低。变弦长等效于升力系数的增加，从而增加尾桨最大拉力，可以补偿一部分转速降低带来的负面影响。对于不同转速的尾桨，拉力随前飞速度的变化如图 5.29 所示。尾桨拉力由直升机反扭矩计算得到，反扭矩取决于旋翼需用功率与旋翼转速，尾桨变弦长不影响尾桨拉力，故图中仅讨论变转速的影响。尾桨拉力随前飞速度的变化规律与直升机前飞需用功率曲线相似，因为旋翼转速一定时，尾桨拉力直接取决于旋翼需用功率。直升机悬停及低速飞行时，旋翼转速降低导致反扭矩增加，尾桨拉力增加。直升机巡航飞行中，旋翼转速降低可能使反扭矩小幅降低，尾桨拉力略微下降。直升机高速飞行中，旋翼转速降低导致更多区域发生失速，旋翼需用功率迅速增加，反扭矩随之增加，尾桨拉力增加。对于 80%Ω，直升机悬停至低中速飞行中都出现了严重失速，导致尾桨拉力大幅增加。比较图 5.28 与图 5.29 可知，转速降低后尾桨偏航操纵裕度明显减小，变弦长能使这个问题得到一定程度的改善。

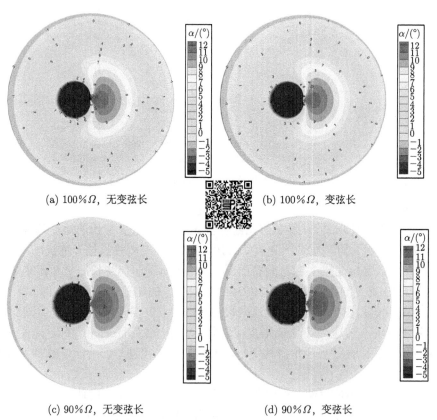

(a) 100%Ω，无变弦长   (b) 100%Ω，变弦长

(c) 90%Ω，无变弦长   (d) 90%Ω，变弦长

图 5.27   直升机前飞速度为 210km/h 时尾桨迎角分布 (彩图见二维码)

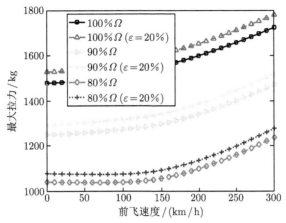

图 5.28 变转速尾桨有无变弦长时的最大拉力

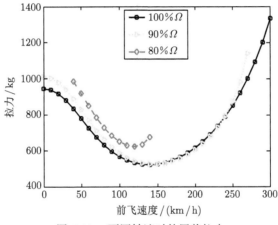

图 5.29 不同转速时的尾桨拉力

3. 独立尾桨变转速

1) 功率

本小节中，旋翼转速保持为额定转速不变，只改变尾桨转速，$100\%\Omega$ 指额定尾桨转速，$90\%\Omega$ 指尾桨转速变为额定转速的 90%，$80\%\Omega$ 同理。对于不同尾桨转速，变弦长均为静态变弦长，伸长量为 $20\%c$，布置于位置④。对于不同尾桨转速，有无变弦长时，分别作前飞需用功率曲线，如图 5.30(a) 所示。根据尾桨功率节省百分比的定义，可以得到独立变转速尾桨有无变弦长的功率节省百分比曲线，如图 5.30(b) 所示。与前面分析类似，变转速对尾桨功率影响占主导地位，变弦长起辅助作用。直升机悬停状态下，尾桨变转速与变弦长对功率的影响都很小。直升机低速至中速飞行时，尾桨转速降低会使功率降低，直升机前飞速度为

190km/h、无变弦长、尾桨转速为 80%Ω 时，功率节省百分比可达 24.1%，对应功率降低 11.9kW。这一飞行状态下，变弦长会略微减弱功率降低的效果。直升机高速飞行时，尾桨转速降低造成迎角增加，导致更多区域发生失速，尾桨需用功率大幅增加。此时，变弦长可以降低迎角，延缓失速的发生，抵消部分转速降低的影响。直升机前飞速度为 300km/h、变弦长、尾桨转速为 90%Ω 时，功率节省百分比为 0.10%，尾桨变弦长很好地抵消了转速降低的负面影响，进而实现了 90%Ω 尾桨转速在直升机前飞速度 0~300km/h 范围内均起降低功率的效果。

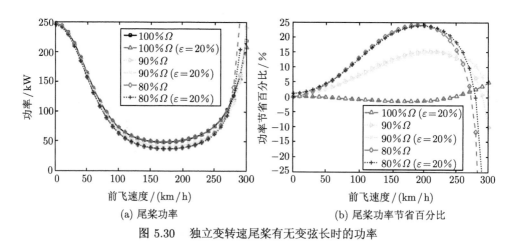

(a) 尾桨功率   (b) 尾桨功率节省百分比

图 5.30   独立变转速尾桨有无变弦长时的功率

2) 总距

对于前面所述的尾桨，作总距随前飞速度变化的曲线，如图 5.31 所示。与

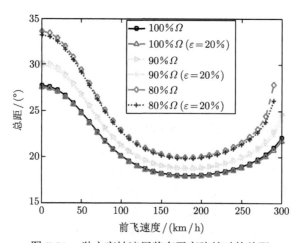

图 5.31   独立变转速尾桨有无变弦长时的总距

5.4.1 节中类似, 尾桨变转速对尾桨总距影响占主导地位, 变弦长起辅助作用。尾桨转速降低会导致尾桨拉力降低, 为了防止拉力降低, 总距随之增加。弦长增加等效于气动力系数增加, 变弦长尾桨总距略微降低。

3) 拉力

本节中, 变转速尾桨有无变弦长时的最大拉力与图 5.28 完全相同, 因为尾桨最大拉力仅由尾桨转速与变弦长决定, 与旋翼转速无关。尾桨拉力由直升机反扭矩计算得到, 反扭矩取决于旋翼需用功率与旋翼转速, 尾桨转速与变弦长不影响尾桨拉力, 故本节中尾桨拉力对应图 5.29 中的 $100\%\Omega$ 曲线。

5.4.3 被动动态变弦长

1. 引言

已有研究中, 旋翼动态变弦长指旋翼桨叶方位角变化时, 弦长随之变化, 需要外界输入能量进行驱动, 属于主动变弦长。本节中, 尾桨桨叶弦长与方位角无关, 不需要外界输入额外能量, 属于被动变弦长。"动态"指弦长随尾桨转速变化而变化, 尾桨为额定转速时, 弦长伸长量为 0。尾桨转速降低, 弦长伸长量增加。尾桨转速降低至给定的最低值时, 弦长伸长量达到最大值。

2. 模型

图 5.32(a) 和图 5.32(b) 分别给出了变转速尾桨被动动态变弦长的初始位置和任一位置。为了定量描述弦长伸长量与转速变化间的关系, 作如下定义。γ 为尾桨转速变化率, 变化范围为 $80\%\sim100\%$, 具体如下:

$$\gamma = \frac{\Omega_r}{\Omega_n} \times 100\% \tag{5.22}$$

式中, Ω_r 为尾桨实际转速; Ω_n 为尾桨额定转速, 查表 5.2 可知 $\Omega_n = 124.6\text{rad/s}$。

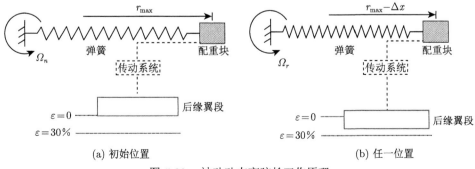

(a) 初始位置   (b) 任一位置

图 5.32　被动动态变弦长工作原理

配重块沿尾桨径向运动通过传动系统传递至后缘翼段，定义运动传递系数 i，具体如下：

$$i = \frac{\varepsilon c}{\Delta x} \times 100\% \tag{5.23}$$

式中，Δx 为弹簧伸长量减少量。

如图 5.32(a) 所示，初始状态下，尾桨转速为额定值，配重块处于最远径向位置，弹簧伸长量为最大值，弦长伸长量为 0，配重块受弹簧拉力与离心力作用，处于平衡状态，

$$kx_{\max} = mr_{\max}\Omega_n^2 \tag{5.24}$$

式中，k 为弹簧刚度系数；x 为弹簧伸长量；m 为配重块质量；r 为配重块径向位置。

如图 5.32(b) 所示，尾桨转速降低后，配重块沿径向向内移动，弹簧伸长量减少，弦长伸长量增加，配重块达到新平衡状态：

$$k\left(x_{\max} - \Delta x\right) = m\left(r_{\max} - \Delta x\right)\left(\gamma\Omega_n\right)^2 \tag{5.25}$$

联立式 (5.24) 和式 (5.25)，可得

$$\Delta x = \frac{(1 - \gamma^2)mr_{\max}\Omega_n^2}{k - m\gamma^2\Omega_n^2} \tag{5.26}$$

设 $i = 100\%$，则有

$$\varepsilon c = \frac{(1 - \gamma^2)mr_{\max}\Omega_n^2}{k - m\gamma^2\Omega_n^2} \tag{5.27}$$

当 $\gamma = 80\%$ 时，$\varepsilon = 30\%$，可得

$$k = \frac{1.2mr_{\max}\Omega_n^2}{c} + 0.64m\Omega_n^2 \tag{5.28}$$

那么有

$$\varepsilon = \frac{(1 - \gamma^2)(r_{\max}/c)}{1.2(r_{\max}/c) + 0.64 - \gamma^2} \tag{5.29}$$

设 $r_{\max} = 0.9R = 0.9 \times 1.68\text{m} = 1.51\text{m}$，查表 5.2 得 $c = 0.25\text{m}$，$r_{\max}/c \approx 6$。则有

$$\varepsilon = \frac{6(1 - \gamma^2)}{7.84 - \gamma^2} \tag{5.30}$$

由式 (5.30) 可作曲线，如图 5.33 所示。当 $\gamma = 90\%$ 时，可得 $\varepsilon = 16.2\%$。

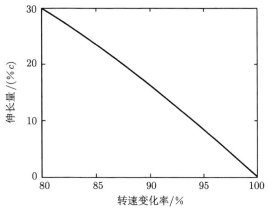

图 5.33　尾桨弦长伸长量与转速变化率的关系

上述推导结果是在给定运动传递系数、最低转速时伸长量和配重块最远径向位置的条件下得到的，条件发生改变时，伸长量与转速变化率的关系也会改变。后面内容将按式 (5.30) 展开尾桨性能分析。

3. 性能分析

1) 功率

变弦长布置于位置④时，根据尾桨弦长伸长量与转速变化率的关系，对于不同转速和不同伸长量的尾桨，分别作前飞需用功率曲线，如图 5.34(a) 所示。根据尾桨功率节省百分比的定义，可得对应功率节省百分比曲线，如图 5.34(b) 所示。变转速对尾桨功率影响占主导地位，变弦长起辅助作用。直升机悬停状态下，尾桨变转速与变弦长对功率的影响都很小。直升机低速至中速飞行时，尾桨转速降低使功率降低，变弦长小幅减弱功率降低的效果。直升机前飞速度为 190km/h、无变弦长、尾桨转速为 $80\%\Omega$（$\Omega = \Omega_n = 124.6\text{rad/s}$）时，功率节省百分比可达 24.1%。直升机高速飞行时，尾桨转速降低导致迎角增加，失速区域扩大，尾桨需用功率大幅增加。此时，变弦长可以降低迎角，延缓失速的发生，抵消部分转速降低的负面影响。直升机前飞速度为 300km/h、无变弦长、尾桨转速为 $90\%\Omega$ 时，功率增加 10.1%，布置变弦长后这一数值变为 1.59%。

变弦长布置于位置④、不同前飞速度 (0km/h、150km/h、290km/h) 时，被动动态变弦长降低尾桨功率效果如图 5.35 所示。图中尾桨转速由 $80\%\Omega$ 连续变化至 $100\%\Omega$，变弦长伸长量按照式 (5.30) 随转速一同变化。直升机前飞速度为 290km/h 时，尾桨转速降低导致功率迅速增加，弦长伸长量同时增加，增强变弦长降低功率效果。被动动态变弦长适应于尾桨转速降低后的气动环境，有效延缓了转速降低所导致的功率增加。无变弦长时，尾桨转速为 $89\%\Omega$，功率节省百分比为 0; 布置变弦长后, 这一尾桨转速为 $84\%\Omega$。综上所述, 被动动态变弦长可以适应变转速直升机不同飞行状态。

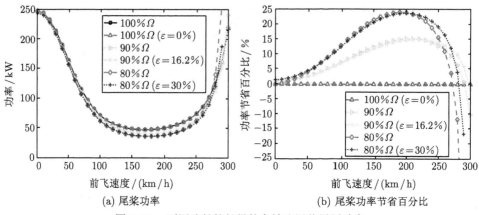

(a) 尾桨功率　　　　　　　　　　　　　　　　(b) 尾桨功率节省百分比

图 5.34　不同弦长伸长量的变转速尾桨需用功率

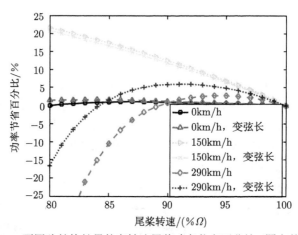

图 5.35　不同弦长伸长量的变转速尾桨功率节省百分比 (固定前飞速度)

2) 升阻比

直升机以 300km/h 速度前飞时, 无变弦长、转速为 $90\%\Omega$ 的尾桨升阻比分布如图 5.36 所示, 高升阻比区域集中在尾桨方位角 200° 和 340° 附近。变弦长适合布置于高升阻比区域, 以得到较高的工作效率。一般地, 尾桨变弦长适合布置于位置④与位置⑤, 一方面可以利用高升阻比区域, 另一方面避免了后行侧升阻比极低的区域。值得注意的是, 直升机高速前飞时, 尾桨升阻比分布与旋翼升阻比分布完全不同, 旋翼变弦长最好布置于靠近桨尖的内侧区域, 以平衡其位于旋翼前行侧和后行侧的效率。

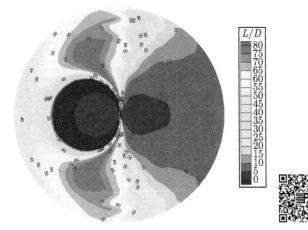

图 5.36 尾桨桨盘升阻比分布 (彩图见二维码)

3) 迎角

直升机以 300km/h 速度前飞时,无变弦长、额定转速的尾桨迎角分布如图 5.37(a) 所示。前行侧的迎角明显大于后行侧,与旋翼迎角分布完全不同。尾桨因为只有总距操纵而无周期变距操纵,前行侧产生的升力远远高于后行侧。直升机以 300km/h 速度前飞时,无变弦长、转速为 90%Ω 的尾桨迎角分布如图 5.37(b) 所示。与图 5.37(a) 额定尾桨转速迎角分布相比,尾桨转速降低后整个桨盘区域迎角普遍增大。直升机以 300km/h 速度前飞时,变弦长伸长量为 16.2%c,转速为 90%Ω 的尾桨迎角分布如图 5.37(c) 所示。变弦长尾桨迎角略微减小,进而推迟气流分离和失速的发生,降低尾桨需用功率。

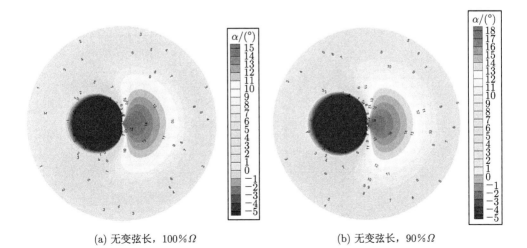

(a) 无变弦长, 100%Ω   (b) 无变弦长, 90%Ω

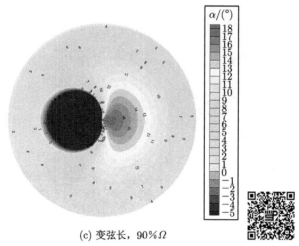

(c) 变弦长，90%Ω

图 5.37   尾桨桨盘迎角分布 (彩图见二维码)

4) 总距

变弦长布置于位置④时，对于不同转速和不同伸长量的尾桨，分别作总距随前飞速度变化的曲线，如图 5.38 所示。尾桨变转速对尾桨总距影响占主导地位，变弦长起辅助作用。尾桨转速降低会导致尾桨拉力降低，为了提供足够拉力，总距增加。变弦长后，尾桨总距略微降低。直升机前飞速度为 290km/h，尾桨转速为 80%Ω 时，变弦长使总距下降了 2.32°。

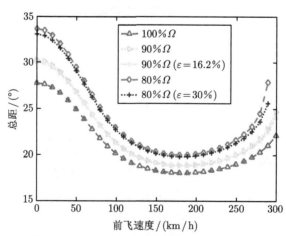

图 5.38   不同弦长伸长量的变转速尾桨总距

5) 拉力

变弦长布置于位置④时,对于不同转速和不同伸长量的尾桨,分别作尾桨最大拉力随前飞速度变化的曲线,如图 5.39 所示。一般而言,直升机前飞速度增加时,尾桨最大拉力增加。变转速对尾桨最大拉力影响占主导地位,变弦长起辅助作用。尾桨转速降低引起动压降低,进而导致最大拉力降低。变弦长等效于气动力系数的增加,进而增加尾桨最大拉力,可以补偿一部分转速降低带来的负面影响。图 5.39 给出尾桨拉力随前飞速度变化的曲线 (黑色实线),尾桨拉力随前飞速度的变化规律与直升机前飞需用功率曲线相似,由式 (5.4) 可知,给定旋翼转速和尾桨桨毂中心到旋翼轴的距离,尾桨拉力直接取决于旋翼需用功率。转速降低后尾桨航向控制裕度明显减小,变弦长能使这个问题得到一定程度的改善。

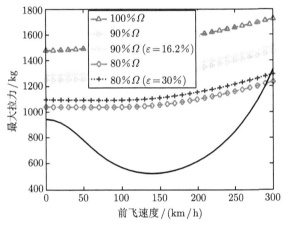

图 5.39 不同弦长伸长量的变转速尾桨最大拉力

6) 径向位置

固定尾桨转速为 $90\%\Omega$,单独讨论变弦长对尾桨需用功率的影响。变弦长伸长量为 $16.2\%c$ 时,作出不同位置变弦长的功率节省百分比曲线,如图 5.40 所示。直升机处于悬停状态时,变弦长对尾桨功率影响很小。直升机低速至中速飞行时变弦长会造成尾桨功率增加,变弦长布置于位置①,直升机前飞速度为 180km/h 时开始起功率降低的作用,随着变弦长位置靠近桨尖,这一前飞速度逐渐变高。直升机高速飞行时,变弦长降低尾桨功率效果明显,布置于位置⑤时,功率节省百分比为最大值 8.25%。

7) 伸长量

固定尾桨转速为 $90\%\Omega$,单独讨论变弦长对尾桨需用功率的影响。变弦长布置于位置⑤时,不同弦长伸长量的功率节省百分比如图 5.41 所示。直升机悬停状态, 变弦长对尾桨功率影响很小, 伸长量越大, 功率节省百分比越大。直升机低中速飞行状态, 变弦长造成尾桨功率增加, 伸长量越大, 功率增加越多, 前飞速度为 150 km/h、伸长量为 20%c 时, 功率增加 1.41%。直升机高速飞行中, 伸长量越大, 功率节省百分比越大, 伸长量为 20%c 时可达 9.82%。

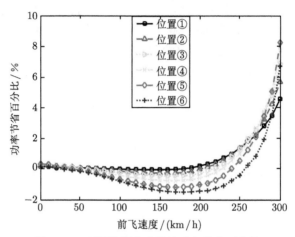

图 5.40　不同位置变弦长的功率节省百分比

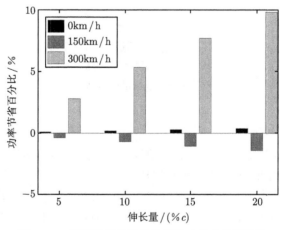

图 5.41　不同弦长伸长量的尾桨功率节省百分比

8) 起飞重量系数

尾桨转速为 90%Ω, 变弦长布置于位置⑤时, 直升机起飞重量系数分别为 0.0065 和 0.0074 的功率节省百分比曲线如图 5.42 所示。起飞重量系数降低, 变转速尾桨功率节省百分比增加。直升机前飞速度为 290km/h, 起飞重量系数为

0.0074，无变弦长时功率节省百分比为 0.843%，起飞重量系数降低后对应数值为 2.93%，同时布置变弦长后功率节省百分比为 7.38%。

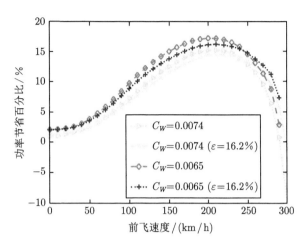

图 5.42   不同起飞重量系数的尾桨功率节省百分比

5.5   主动变弦长提升变转速尾桨性能

5.5.1   1 阶变弦长

1. 初相

1 阶动态变弦长伸长量给定为 10%c，布置于位置④，即径向 70%R ~80%R。在不同的初相下，可以得到不同的前飞需用功率曲线，如图 5.43(a) 所示。根据尾桨功率节省百分比的定义，可以得到不同初相变弦长的功率节省百分比曲线，如图 5.43(b) 所示。初相为 0° 时，直升机高速飞行状态功率降低效果最好，功率节省百分比可达 3.76%，对应功率减少 8.23kW，初相为 180° 时，降低效果最差，功率节省百分比只能达到 1.30%。如图 5.44 所示，初相为 0° 时，方位角 0° 伸长量为 10%c，方位角 90° 伸长量为 20%c，方位角 180° 伸长量为 10%c，方位角 270° 伸长量为 0。这一伸长量变化规律充分利用方位角 0° 与 180° 的高升阻比。直升机前飞速度为 300km/h，变弦长位于位置④，弦长伸长量为 10%c，初相为 0°，尾桨迎角分布如图 5.45 所示，前行侧迎角大，方位角 90° 伸长量最大可以很好地利用此处的高动压，尽可能多地提高升力，弦长增加等效为升力系数增加，可以降低迎角，推迟气流分离和失速的发生。

动态变弦长充分适应气动环境的变化，静态变弦长布置于位置④、伸长量为 10%c，最大功率节省百分比为 2.55%，然而同样位置和弦长伸长量的 1 阶变弦长可达 3.76%。

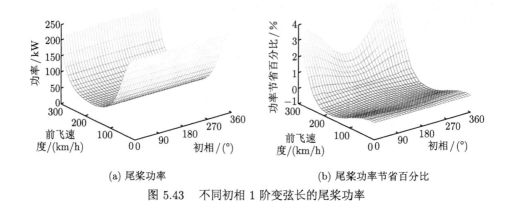

(a) 尾桨功率　　　　　　　　　　　　　(b) 尾桨功率节省百分比

图 5.43　不同初相 1 阶变弦长的尾桨功率

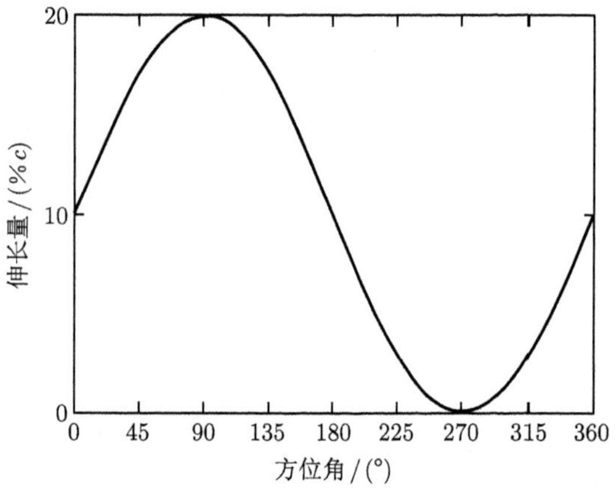

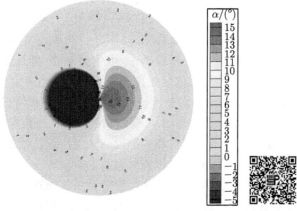

图 5.44　初相为 0° 时 1 阶变弦长伸长量变化规律

图 5.45　直升机前飞速度为 300km/h 时尾桨迎角分布 (1 阶变弦长) (彩图见二维码)

2. 径向位置

给定变弦长伸长量为 $10\%c$，初相为 $0°$，作出不同位置 1 阶变弦长的功率节省百分比曲线，如图 5.46 所示。对于 1 阶变弦长，功率节省百分比随前飞速度的变化规律与静态变弦长类似，布置于位置④时，直升机高速飞行状态功率降低效果最好，功率节省百分比可达 3.76%。值得注意的是，旋翼 1 阶变弦长最佳位置是桨尖，然而尾桨 1 阶变弦长最佳布置区域为径向 $70\%R\sim80\%R$，旋翼与尾桨变弦长间的差异主要由不同的升阻比分布造成。对于尾桨而言，1 阶动态变弦长与静态变弦长的最佳位置是相同的，均为位置④。

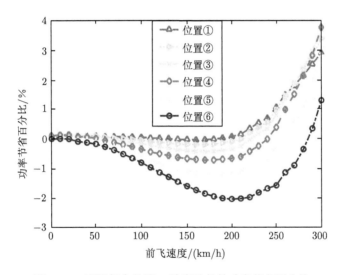

图 5.46　不同径向位置 1 阶变弦长的功率节省百分比

3. 弦长伸长量

1 阶变弦长布置于位置④，初相为 $0°$，弦长伸长量分别为 $5\%c$、$10\%c$、$15\%c$、$20\%c$ 的功率节省百分比如图 5.47 所示。对于 1 阶变弦长，功率节省百分比随前飞速度的变化规律与静态变弦长类似。弦长伸长量为 $20\%c$，直升机前飞速度为 300km/h 时，功率节省百分比可达 7.10%，前飞速度为 150km/h 时，功率节省百分比为 −1.46%。与相同位置和伸长量的静态变弦长比较，静态变弦长最大功率节省百分比只能达到 4.90%，前飞速度为 150km/h 时，功率节省百分比为 −1.35%。由此可见，1 阶变弦长不仅增强了直升机高速飞行中的功率降低效果，而且防止了直升机低中速飞行中的负面影响大幅增加。

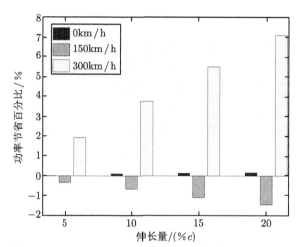

图 5.47　不同弦长伸长量 1 阶变弦长的功率节省百分比

5.5.2　2 阶变弦长

1. 初相

2 阶动态变弦长伸长量给定为 $10\%c$，布置于位置④，可以得到不同初相变弦长的功率节省百分比曲线，如图 5.48 所示。初相为 90° 时，直升机高速飞行状态功率降低效果最好，功率节省百分比可达 2.67%，初相为 270° 时，降低效果最差，功率节省百分比为 2.42%。如图 5.49 所示，初相为 90° 时，方位角 0° 与 180° 伸长量为 $20\%c$，充分利用此区域升阻比大的特性，方位角 90° 与 270° 伸长量为 0 则避免了低升阻比。与 1 阶变弦长相比，2 阶变弦长功率节省百分比随初相的变化幅度减小，最大功率节省百分比也下降了。

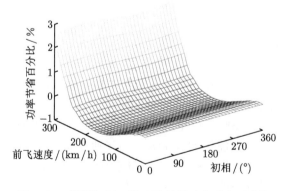

图 5.48　不同初相 2 阶变弦长的功率节省百分比

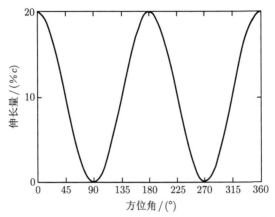

图 5.49 初相为 90° 时 2 阶变弦长伸长量变化规律

2. 径向位置

给定变弦长伸长量为 $10\%c$,初相为 $90°$,作出不同位置 2 阶变弦长的功率节省百分比曲线,如图 5.50 所示。与相同弦长伸长量的 1 阶变弦长相比,位置⑥处布置效率提高,既包括直升机低中速飞行中负面效应的减小,又包括直升机高速飞行中功率节省百分比增加。对于 2 阶变弦长,最佳位置仍然为位置④,功率节省百分比可达 2.67%。

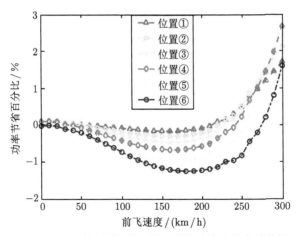

图 5.50 不同径向位置 2 阶变弦长的功率节省百分比

3. 弦长伸长量

2 阶变弦长布置于位置④,初相为 $90°$,弦长伸长量分别为 $5\%c$、$10\%c$、$15\%c$、$20\%c$ 的功率节省百分比如图 5.51 所示。弦长伸长量为 $20\%c$,直升机前飞速度为 300km/h 时, 功率节省百分比可达 5.12%, 前飞速度为 150km/h 时, 功率节省百分比为 −1.38%。与相同位置和弦长伸长量的 1 阶变弦长比较, 2 阶变弦长功率降低效果减弱, 直升机低中速飞行中造成的负面影响也略微减弱。

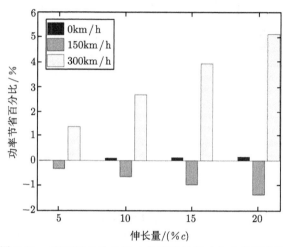

图 5.51　不同弦长伸长量 2 阶变弦长的功率节省百分比

5.5.3　高阶变弦长

1. 3 阶变弦长

3 阶动态变弦长伸长量给定为 10%c, 布置于位置④, 可以得到不同初相变弦长的功率节省百分比曲线, 如图 5.52 所示。初相为 0° 时, 直升机高速飞行状态功率降低效果最好, 功率节省百分比可达 2.81%, 初相为 180° 时, 降低效果最差, 功率节省百分比为 2.28%。如图 5.53 所示, 初相为 0° 时, 方位角 30°、150° 与 270° 伸长量为 20%c, 主要利用方位角 30° 与 150° 附近区域较大的升阻比, 方位角 90°、210° 与 330° 伸长量为 0, 则避免了较低升阻比的区域。3 阶变弦长功率节省百分比随初相的变化规律与 1 阶变弦长类似, 最大功率节省百分比低于 1 阶变弦长, 高于 2 阶变弦长。

2. 4 阶变弦长

4 阶动态变弦长伸长量给定为 10%c, 布置于位置④, 可以得到不同初相变弦长的功率节省百分比曲线, 如图 5.54 所示。初相为 270° 时, 直升机高速飞行状态功率降低效果最好, 功率节省百分比可达 2.63%, 初相为 90° 时, 降低效果最差, 功率节省百分比为 2.46%。如图 5.55 所示, 初相为 270° 时, 方位角 45°、135°、225° 与 315° 伸长量为 20%c, 利用这四个区域附近较大的升阻比, 方位角 0°、90°、180° 与 270° 伸长量为 0, 主要避免了 90° 与 270° 附近区域较低的升阻比。4 阶变弦长功率节省百分比随初相的变化规律与 2 阶变弦长类似，最大功率节省百分比非常接近于 2 阶变弦长。

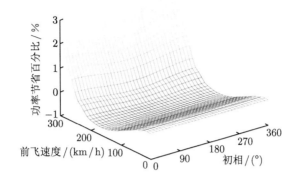

图 5.52　不同初相 3 阶动态变弦长的功率节省百分比

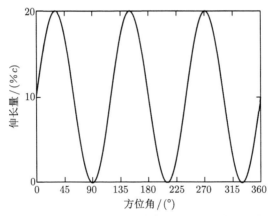

图 5.53　初相为 0° 时 3 阶变弦长伸长量变化规律

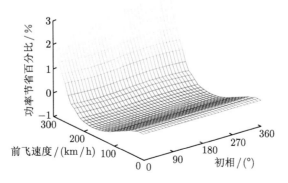

图 5.54　不同初相 4 阶动态变弦长的功率节省百分比

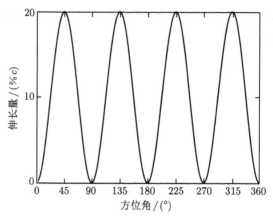

图 5.55   初相为 270° 时 4 阶变弦长伸长量变化规律

3. 不同阶数综合讨论

静态变弦长及各阶动态变弦长均布置于位置④，静态 1 伸长量为 $10\%c$，静态 2 伸长量为 $20\%c$，各阶动态变弦长伸长量均为 $10\%c$，1 阶变弦长初相为 $0°$，2 阶变弦长初相为 $90°$，3 阶变弦长初相为 $0°$，4 阶变弦长初相为 $270°$。在上述条件下，对不同阶次变弦长功率节省百分比进行比较，如图 5.56 所示。动态变弦长优于静态变弦长，在相同位置和伸长量的条件下，各阶动态变弦长最大功率节省百分比均高于静态变弦长。然而，2 阶及以上阶次动态变弦长与静态变弦长相比功率降低效果并没有显著增强。1 阶动态变弦长展现出巨大的价值，最大限度地利用了尾桨升阻比较大的区域，同时避免了升阻比较小的区域，与相同位

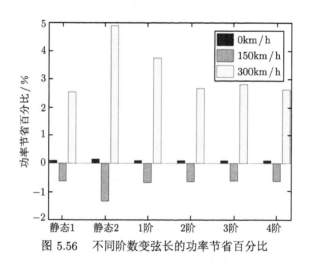

图 5.56   不同阶数变弦长的功率节省百分比

置和伸长量的静态变弦长相比，其最大功率节省百分比增加了 1.22%，而负面影响几乎没有增加。虽然其最大功率节省百分比不及伸长量更大的静态变弦长，但其负面影响也较小。

5.5.4 非谐波动态变弦长

前面所讨论的动态变弦长均为谐波输入，为进一步探明动态变弦长降低尾桨功率的本质，得到更好的功率降低效果，本节中讨论非谐波动态变弦长，具体地，讨论阶跃输入形式的动态变弦长。讨论非谐波动态变弦长之前，先具体分析变弦长布置于尾桨周向不同区域的功率降低效果。将尾桨桨盘等分为 12 个区域，将方位角 $0° \sim 30°$ 扇形区域命名为区域 1，方位角 $30° \sim 60°$ 扇形区域为区域 2，方位角 $60° \sim 90°$ 扇形区域为区域 3，方位角 $270° \sim 300°$ 扇形区域为区域 4，方位角 $300° \sim 330°$ 扇形区域为区域 5，方位角 $330° \sim 360°$ 扇形区域为区域 6。考虑到上述六个区域所组成的半圆区域与尾桨方位角 $90° \sim 270°$ 半圆区域升阻比、迎角等均存在对称性，故仅分析这六个区域。

变弦长伸长量给定为 $20\%c$，布置于位置④，不同区域变弦长的功率节省百分比如图 5.57 所示。直升机处于悬停状态时，各个区域变弦长对尾桨功率影响都很小。直升机以 150km/h 速度前飞时，各个区域变弦长都会造成尾桨功率小幅增加，但不同区域间的差异较小。直升机以 300km/h 速度前飞时，不同区域变弦长降低尾桨功率的效果具有很大的差异，变弦长布置于区域 1、2、3 降低功率效果明显优于区域 4、5、6。变弦长布置于区域 2 时功率节省百分比为 0.82%，与其他区域相比，此区域迎角最大，变弦长利用了产生升力效率较高的区域，所以此区域降低功率效果最好。与区域 2 相比，区域 3 处迎角和升阻比都略微偏小，而区域 1 处迎角偏小，升阻比偏大，但因迎角主导降低功率效果，区域 1 功率节省百分比明显下降。区域 4 迎角和升阻比都很小，降低功率效果最差，功率降低甚至小于直升机以 150km/h 速度前飞时功率增加。与区域 4 相比，区域 5 和区域 6 迎角、升阻比都有所增加，降低功率效果也有一定提升，但仍然远低于区域 2。

在已经分析了变弦长布置于尾桨周向不同区域的功率降低效果的基础上，接下来具体讨论阶跃变弦长。图 5.58(a)、图 5.58(b) 与图 5.58(c) 分别给出了三种不同的阶跃变弦长伸长量变化规律，三种阶跃变弦长伸长量均为 $10\%c$。其中，阶跃变弦长 (1) 在方位角 $30° \sim 60°$、$120° \sim 150°$ 伸长量为 $20\%c$，方位角 $240° \sim 300°$ 伸长量为 0。阶跃变弦长 (2) 在方位角 $30° \sim 150°$ 伸长量为 $20\%c$，方位角 $210° \sim 330°$ 伸长量为 0。阶跃变弦长 (3) 在前行侧伸长量为 $20\%c$，后行侧伸长量为 0。

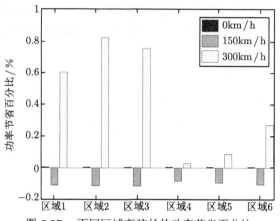

图 5.57 不同区域变弦长的功率节省百分比

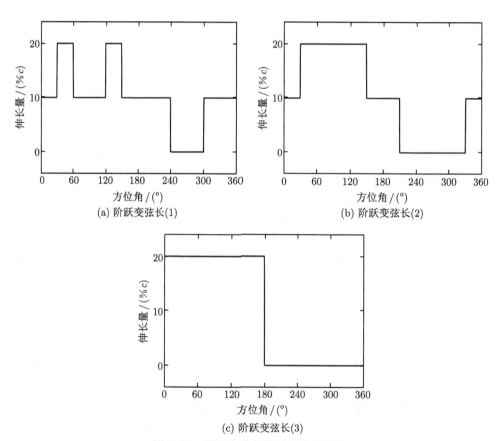

图 5.58 阶跃变弦长伸长量变化规律

图 5.59 中具体比较了不同形式变弦长的功率节省百分比，分别为静态变弦长、1 阶动态变弦长与三种阶跃变弦长，均布置于位置④，弦长伸长量均为 $10\%c$。直升机悬停及巡航飞行中，不同变弦长形式的功率节省百分比较为接近，直升机以 300 km/h 速度前飞时，阶跃变弦长 (3) 功率节省百分比最大 (4.20%)，阶跃变弦长 (2) 功率节省百分比为 3.88%，1 阶变弦长为 3.76%，阶跃变弦长 (1) 为 3.29%，静态变弦长为 2.55%。与静态变弦长相比，阶跃变弦长 (1) 更加充分地利用了区域 2，放弃了区域 4，功率降低效果得到提升。1 阶变弦长较为充分地利用了尾桨前行侧，基本放弃了后行侧，功率节省百分比进一步增加，然而，阶跃变弦长 (2) 与阶跃变弦长 (3) 对尾桨前行侧利用更加充分，功率节省百分比达到最大值。

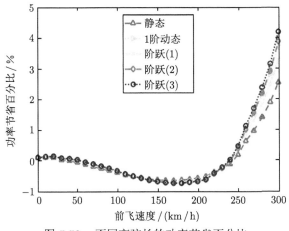

图 5.59　不同变弦长的功率节省百分比

从对谐波动态变弦长不同阶数的讨论，到非谐波动态变弦长的研究，不同形式动态变弦长降低尾桨需用功率效果各不相同，本质在于，不同区域变弦长降低尾桨功率效果存在差异。在给定弦长伸长量的前提下，一般而言，对尾桨前行侧利用越充分，动态变弦长效率越高。

5.5.5　主动变弦长

本节将讨论主动动态变弦长，方位角变化时，弦长伸长量变化，需要外界输入能量进行驱动，而且变弦长将应用于转速降低后的尾桨。本节中，基准尾桨功率与前面内容存在差异，前面内容均要求尾桨处于额定转速 ($100\%\Omega$)，而本节中要求尾桨转速为 $90\%\Omega$ 或 $80\%\Omega$。本节将不再比较变转速与变弦长对尾桨需用功率的影响，着重讨论降低尾桨转速后带来的气动环境变化对尾桨变弦长功率降低效果的影响。

　　尾桨转速为 $90\%\Omega$ 时，1 阶动态变弦长伸长量为 $10\%c$，初相为 $0°$，作出不同位置 1 阶变弦长的功率节省百分比曲线，如图 5.60 所示。布置于位置⑤时，功率节省百分比可达 7.69%，额定尾桨转速变弦长布置于位置④时，功率节省百分比达到最大值仅为 3.76%，这充分说明了降低尾桨转速后尾桨变弦长效果大幅增强，也说明了尾桨转速变化会影响尾桨变弦长最佳位置。尾桨转速降低后，1 阶变弦长布置于位置①时不同前飞速度功率节省百分比始终为正值，不会造成功率增加，1 阶变弦长布置于位置⑤、位置⑥时功率降低效果增幅高于其他位置，变弦长布置于尾桨桨尖附近效率得到提高。

　　尾桨转速为 $90\%\Omega$ 时，1 阶动态变弦长伸长量给定为 $10\%c$，布置于位置⑤，可以得到不同初相变弦长的功率节省百分比曲线，如图 5.61 所示。初相为 $0°$ 时，直升机高速飞行状态功率降低效果最好，功率节省百分比为 7.69%，初相为 $180°$ 时，降低效果最差，功率节省百分比为 2.84%，与额定尾桨转速变弦长规律相同。

　　直升机以 300km/h 速度前飞时，无变弦长、转速为 $90\%\Omega$ 的尾桨升阻比分布如图 5.62 所示。与额定尾桨转速升阻比分布相比，尾桨转速降低后靠近桨尖区域升阻比显著提高，方位角为 $0°$ 和 $180°$ 附近高升阻比区域面积变大，前行侧桨根附近升阻比有所下降。直升机以 300km/h 速度前飞时，无变弦长、转速为 $90\%\Omega$ 的尾桨迎角分布如图 5.63 所示。与额定尾桨转速迎角分布相比，尾桨转速降低后整个桨盘区域迎角普遍增大。由于靠近桨尖区域升阻比与迎角的增加，1 阶变弦长布置于位置⑤时功率节省百分比最大，而不再是位置④。同时，升阻比与迎角的增加提高了 1 阶变弦长的效率，从而使功率节省百分比大幅增加。

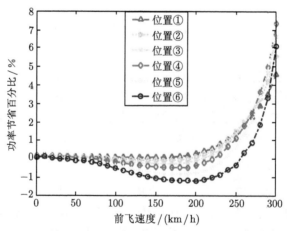

图 5.60　不同径向位置 1 阶变弦长的功率节省百分比 $(90\%\Omega)$

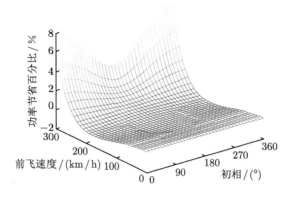

图 5.61　不同初相 1 阶变弦长的功率节省百分比 (90%Ω)

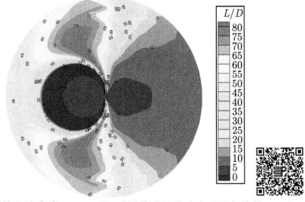

图 5.62　直升机前飞速度为 300km/h 时尾桨升阻比分布 (无变弦长，90%Ω) (彩图见二维码)

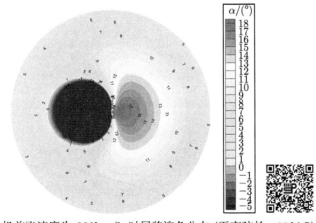

图 5.63　直升机前飞速度为 300km/h 时尾桨迎角分布 (无变弦长，90%Ω) (彩图见二维码)

尾桨转速为 $80\%\Omega$ 时,1 阶动态变弦长伸长量为 $10\%c$,初相为 $0°$,作出不同位置 1 阶变弦长的功率节省百分比曲线,如图 5.64 所示。1 阶变弦长降低尾桨功率效果进一步增强,直升机以 290km/h 速度前飞时,变弦长布置于任一位置功率节省百分比均高于 10%,位置⑤时功率节省百分比高达 18.9%。值得注意的是,变弦长布置于尾桨桨尖附近,效率得到进一步提高,1 阶变弦长布置于位置⑥时功率节省百分比达到 17.5%,超过了位置④ (17.3%)。

尾桨转速为 $80\%\Omega$ 时,1 阶动态变弦长伸长量给定为 $10\%c$,布置于位置⑤,可以得到不同初相变弦长的功率节省百分比曲线,如图 5.65 所示。初相为 $0°$ 时,功率节省百分比可达 18.9%,初相为 $180°$ 时,功率节省百分比为 8.15%。

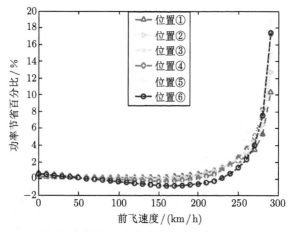

图 5.64 不同径向位置 1 阶变弦长的功率节省百分比 ($80\%\Omega$)

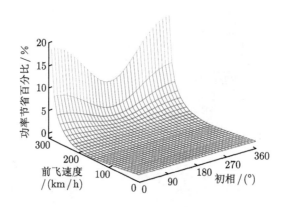

图 5.65 不同初相 1 阶变弦长的功率节省百分比 ($80\%\Omega$)

直升机以 290km/h 速度前飞时, 无变弦长、转速为 80%Ω 的尾桨升阻比分布如图 5.66 所示。靠近桨尖区域升阻比进一步提高, 高升阻比区域集中至方位角 225° 和 315° 附近, 前行侧低升阻比区域向外扩展。直升机以 290km/h 速度前飞时, 无变弦长、转速为 80%Ω 的尾桨迎角分布如图 5.67 所示。整个桨盘区域迎角进一步增大。由于靠近桨尖区域升阻比与迎角的增加, 1 阶变弦长布置于尾桨桨尖附近效率得到进一步提高。同时, 升阻比与迎角的增加提高了 1 阶变弦长的效率, 功率节省百分比进一步增加。

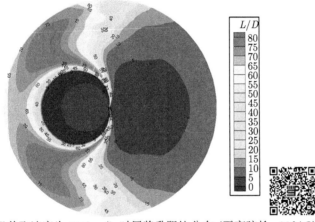

图 5.66　直升机前飞速度为 290km/h 时尾桨升阻比分布 (无变弦长, 80%Ω) (彩图见二维码)

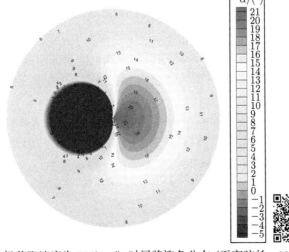

图 5.67　直升机前飞速度为 290km/h 时尾桨迎角分布 (无变弦长, 80%Ω) (彩图见二维码)

5.6　本 章 小 结

本章研究了静态和动态变弦长，用于降低旋翼需用功率和提升直升机性能。采用经过验证的直升机功率预测方法部署了静态或动态变弦长的旋翼功率预测。该直升机性能模型主要包括旋翼模型、机体模型、尾桨模型和前飞配平方法。通过分析，得出以下结论。

(1) 悬停时，将静态变弦长部署在桨叶的中部，可以节省相当小的功率，会导致巡航功率的增加。高速飞行时，其显示出明显的功率节省效果，功率节省的最佳位置不是桨尖，而是桨尖内侧。在所研究的速度范围内，功率节省小于 2.0%。

(2) 增加静态变弦长的伸长量可以提升高速飞行时的功率节省效果，但会降低其他速度时飞行性能。

(3) 1 阶动态变弦长可获得整个速度范围内功率节省，除了悬停和较低速度时。

(4) 与静态变弦长不同，1 阶动态变弦长的最佳部署位置在桨尖，最好将其部署在后行侧，并在前行侧缩回。

(5) 伸长幅值的增加和直升机起飞重量的增大可增强 1 阶动态变弦长所能获得的功率节省，起飞重量系数为 0.0083，前飞速度为 280km/h 时，旋翼功率节省可达 2.33%。

(6) 两个 1 阶动态变弦长比单个 1 阶动态变弦长可获得更多的功率节省，但是少于两个单独的 1 阶动态变弦长所能获得的功率节省之和。

(7) 与高阶动态变弦长相比，低阶动态变弦长可以节省更多的功率，动态变弦长比静态变弦长更能够降低旋翼需用功率。

需要注意，上面给出的数值的精确度特定于本章采用的桨叶。对于具有不同平面形状、翼型、直径等的旋翼，最佳部署位置和性能提升水平可能会有所不同。所采用的方法可以很容易地用于评估部署有动态变弦长/静态变弦长的其他旋翼性能。

随后，本章提出了被动动态变弦长概念，建立了变转速尾桨被动动态变弦长模型，经过计算与性能分析，主要得出了以下结论。

(1) 尾桨转速降低对直升机悬停状态尾桨功率影响很小，巡航状态可使功率降低，高速飞行状态导致功率增加。直升机前飞速度为 190km/h，尾桨转速为 80%Ω 时，功率节省百分比可达 24.1%。

(2) 变转速对尾桨需用功率影响占主导地位，变弦长起辅助作用。变弦长可以抵消部分转速降低的影响，直升机前飞速度为 300km/h，无变弦长，尾桨转速为 90%Ω 时，功率增加 10.1%，布置变弦长后这一数值变为 1.59%。直升机高速飞行时，尾桨转速降低，变弦长伸长量增加，变弦长降低尾桨功率效果增强，被动动态变弦长可以适应变转速直升机不同飞行状态。

(3) 变弦长适合布置于高升阻比区域，从而得到较高的工作效率。变弦长可使尾桨迎角减小，推迟气流分离和失速的发生，降低尾桨需用功率。

(4) 尾桨转速降低会导致尾桨拉力降低，为了提供足够拉力，总距增加。变弦长后，尾桨总距略微降低。尾桨转速降低引起动压降低，进而导致最大拉力降低。变弦长可以增加尾桨最大拉力，可以补偿一部分转速降低带来的负面影响。转速降低后尾桨航向控制裕度明显减小，变弦长能使这个问题得到一定程度的改善。

(5) 变弦长适合布置于靠近尾桨桨尖位置，尾桨转速为 $90\%\Omega$，变弦长伸长量为 $16.2\%c$，布置于 $80\%\sim90\%$ 尾桨半径时，功率节省百分比可达 8.25%。直升机高速飞行中，变弦长伸长量越大，功率节省百分比越大。起飞重量系数降低，变转速尾桨功率节省百分比增加。

最后，本章基于采用 UH-60A 直升机参数验证的直升机飞行性能分析模型，探讨了主动变弦长对变转速尾桨性能的提升潜力。对于额定转速尾桨，依次研究了 1 阶至 4 阶、非谐波变弦长的影响，进一步地，研究主动变弦长对变转速尾桨的影响，经过计算与性能分析，得出了以下主要结论。

(1) 各阶主动变弦长使功率降低效果最好的初相不同，1 阶至 4 阶变弦长分别为 $0°$、$90°$、$0°$、$270°$，这一初相取决于尾桨升阻比和迎角分布。

(2) 1 阶、2 阶变弦长适合布置于尾桨径向 $70\%\sim80\%$ 半径，与静态变弦长结论相同。

(3) 增加弦长伸长量可以提高主动变弦长降低尾桨功率效果，但导致巡航状态负面影响增加。

(4) 不同阶次变弦长均布置于 $70\%\sim80\%$ 半径，弦长伸长量为 10% 基准弦长，且初相为最优值时，各阶主动变弦长功率降低均高于静态变弦长，其中 1 阶变弦长降低功率效果最好，功率节省百分比相对静态变弦长增加了 1.22%。

(5) 不同尾桨方位角处，变弦长降低尾桨功率效果不同，变弦长布置于前行侧降低功率效果优于后行侧。变弦长布置于 $70\%\sim80\%$ 半径，弦长伸长量为 10% 基准弦长，非谐波变弦长功率节省百分比可达 4.20%，高于 1 阶变弦长 (3.76%)。

(6) 尾桨降转速，桨盘大部分区域升阻比与迎角增大，1 阶变弦长降低功率效果大幅增强，尾桨转速为 $80\%\Omega$ 时，1 阶变弦长适合布置于 $80\%\sim90\%$ 半径，如弦长伸长量为 10% 基准弦长，功率节省百分比可达 18.9%。

第 6 章　加装格尼襟翼旋翼

格尼襟翼最早用于赛车，后来才被应用于航空。格尼襟翼尺寸虽小，但对翼型尤其是失速附近时翼型气动特性影响更大，对于改善旋翼气动特性尤其是大拉力、大速度、高海拔飞行时旋翼性能很有帮助。本章从加装格尼襟翼旋翼直升机飞行性能分析入手，进而将格尼襟翼推广应用于变转速旋翼和变转速尾桨。

6.1　引　　言

格尼襟翼 (Gurney Flap, GF) 是一种加装在翼型后缘的增升装置，由赛车手丹·格尼 (Dan Gurney) 于 20 世纪 60 年代发明 (Wang et al., 2008)，通常位于翼型受压一侧的后缘处。通过在翼型后缘处加装格尼襟翼，可以达到提升翼型升阻比和增加翼型最大升力的目的，进而提升直升机旋翼性能。由于其效率高、结构简单而备受关注，国内外对格尼襟翼提升直升机旋翼性能进行了大量探索和研究。

Liebeck(1978) 在研究亚声速翼型的增升措施时，探索了加装格尼襟翼的翼型后缘流动机理。文献 (Neuhart and Pendergraft, 1988; Jeffrey et al., 1996; Jeffrey et al. 2000) 对加装格尼襟翼翼型的气动特性进行了试验研究，结果显示加装格尼襟翼翼型的后缘尾迹由交替脱落的涡组成，涡的脱落使翼型后缘边界处产生压力差，从而起到提升翼型气动特性的作用。Camocardi 等 (2011) 对可动格尼襟翼的气动特性进行了研究，分析了格尼襟翼上下运动和转动时的翼型特性，研究结果表明，转动的格尼襟翼会改变翼型尾流流动模式，缓解翼型后缘附近的尾流湍流。Li 等 (2003) 研究了格尼襟翼安装角变化对翼型气动特性的影响，结果表明随着安装角的增大，翼型的升力和阻力也会增大。Yee 等 (2007) 分析了格尼襟翼高度对翼型气动特性的影响，格尼襟翼高度小于 1% 弦长时，翼型升力增长的幅度大于阻力增长的幅度，升阻比迅速提升，加装格尼襟翼的翼型在接近失速状态时其气动性能通常会优于原翼型。Myose 等 (1996) 发现加装格尼襟翼翼型在迎角接近失速前，升阻比一直提高，在失速后，气流分离成为影响翼型气动特性的主要因素，升阻比基本不变。崔钊等对加装格尼襟翼翼型和相应的自转旋翼的气动特性进行了研究 (崔钊等，2012；崔钊等，2013a；崔钊等，2013b)，在高亚声速条件下，加装适当高度的格尼襟翼能够显著增大翼型的升力系数，并在一定迎角范围内增大升阻比，格尼襟翼在高升力系数下能够起到增大升阻比的作用；格尼襟翼加装于自转旋翼时，气动效率明显提升。

Kentfield(1993) 的研究表明，在许多情况下 GF 可以提高直升机旋翼的性能，这主要源于最大升力系数的增加以及旋翼桨叶后行侧的升阻比的增加。Kinzel 等 (2007) 利用 MiTE 来节省直升机功率，分析表明，微型后缘襟翼在高空、大负载、高速飞行或以上各项的任何组合方面时能最有效地提升性能，这是因为微型后缘襟翼在失速附近具有更好的性能。Pastrikakis 等 (2015, 2016) 研究了悬停和前飞时格尼襟翼对 W3 Sokol 桨叶性能的潜在影响，结果表明，格尼襟翼增强了该桨叶的气动性能，特别是在大拉力条件下。格尼襟翼也可用于降低直升机旋翼中的振动。Min 等 (2008) 研究了加装格尼襟翼后旋翼载荷的变化，结果表明加装可动格尼襟翼能够降低旋翼桨毂处的交变载荷，达到减小直升机振动的目的。Min 等 (2009) 使用 N-S 方程/自由尾迹的混合求解器计算了前飞和下降时加装格尼襟翼的旋翼的性能，他们的研究表明，格尼襟翼具有降低旋翼振动载荷的潜力，而固定高度的格尼襟翼可以降低维持自转所需的下降率。Liu 等 (2011) 使用微型格尼襟翼 (可展开的格尼襟翼) 进行振动控制。他们基于开环控制的相位扫描研究表明，在高振动 BVI(Blade Vortex Interaction，桨涡干扰) 飞行状态时，可降低 80% 的 4 阶垂向剪切力；而闭环控制分析表明，组合振动目标函数降低了 90% 以上。Min 等 (2016) 采用动态部署的格尼襟翼进行旋翼振动控制，CFD/CSD(Computational Fluid Dynamics/Computational Structural Dynamics，计算流体动力学-计算结构动力学) 耦合分析表明，使用优化的格尼襟翼控制策略可以减少 80% 以上的桨毂 4 阶垂向振动载荷，并且可以通过单独控制沿桨叶展向分布的多段襟翼进行多目标载荷控制。

显然，格尼襟翼可用于提升直升机的旋翼性能，尤其是在大拉力、高速和/或高海拔地区，并且可以同时降低旋翼的振动载荷。

对变转速旋翼及尾桨的研究表明，由于动压的降低，尾桨转速的降低会降低尾桨最大拉力，从而降低尾桨平衡旋翼反扭矩和执行偏航控制的能力，这可能限制变转速尾桨的应用。在高速飞行时，降低尾桨转速甚至可以增加所需的尾桨功率 (Han and Barakos, 2017)。为了保持可接受的燃油消耗和操纵品质，有必要补偿因尾桨转速降低而带来的功率增加和最大拉力减小。格尼襟翼在提升尾桨性能方面的应用很少受到关注。Baslamisli 等 (2014) 为了增加尾桨拉力，在尾桨中应用了格尼襟翼。考虑到使用的安全性和生产的简便性，选择了固定高度为弦长 5%的格尼襟翼，这个高度会降低翼型升阻比，但会有效增加尾桨产生的拉力。以前的研究尚未探索格尼襟翼在改善变转速尾桨性能方面的潜力，尤其是采用可变高度的格尼襟翼。

本章采用的直升机旋翼功率预测模型主要包括桨叶模型、带有格尼襟翼的翼型气动特性模型、Pitt-Peters 入流模型 (Peters and HaQuang, 1988)、机体模型和前飞配平方法 (Leishman, 2006)。UH-60A 直升机的飞行数据 (Yeo et al., 2004) 用于验证性能分析模型。本章使用已验证的模型对不同的转动格尼襟翼进行参数分析，研究了加装格尼襟翼旋翼的直升机飞行性能。基于本研究团队对变转速旋翼的研究，又探究了固定高度和转动格尼襟翼对变转速旋翼性能的提升以及格尼襟翼对变转速尾桨性能的提升。

6.2　建模及验证

6.2.1　直升机飞行性能模型

为了确定最小旋翼功率时的最佳格尼襟翼参数，针对每个飞行状态进行参数扫描。对于多个旋翼功率设置，必须重复此过程。如果一次计算过程需要 1min 的 CPU 时间，那么为了找到最小功率可能需要数十个小时。本章工作的目的是探索格尼襟翼在降低变转速旋翼功率方面的潜力，因此使用了一种预测直升机旋翼功率的分析模型。该模型使用标准的个人计算机可在不到 1s 的时间内估算出旋翼的功率。

桨叶模型基于带挥舞铰偏置量和铰弹簧的刚体梁，用于匹配桨叶挥舞基阶频率。为了分析变转速旋翼性能，采用刚体桨叶模型且忽略掉桨叶弹性变形无疑是可接受的 (Mistry and Gandhi, 2014)。安装于旋翼桨叶上的格尼襟翼不仅会改变升力和阻力系数，同时也会改变力矩系数，这会带来桨叶的扭转。旋翼可变转速的先进直升机通常采用刚性旋翼，如 X2 和 A160 等直升机，其较大的扭转刚度可显著降低桨叶扭转的变化幅度。忽略桨叶扭转的变化对性能的影响会降低预测精度，然而，对于旋翼性能预测和比较研究仍然是可以接受的 (Kinzel et al., 2007; Cheng et al., 2003; Cheng and Celi, 2005)。

如图 6.1 所示，旋翼轴坐标系中变距轴线上任意点的位置矢量可表示为

$$\begin{cases} r_x = -e\cos\psi - (r-e)\cos\beta\cos\psi \\ r_y = e\sin\psi + (r-e)\cos\beta\sin\psi \\ r_z = -(r-e)\sin\beta \end{cases} \tag{6.1}$$

式中，r 是该点的径向坐标；ψ 为桨叶方位角；β 为桨叶挥舞角；e 为挥舞铰外伸量。该点在桨叶翼型坐标系中速度相对当地来流的速度矢量有三个分量：挥舞运动和绕旋翼轴转动、直升机前飞速度和旋翼诱导速度。该矢量可表示为

$$\begin{bmatrix} U_R \\ U_T \\ U_P \end{bmatrix} = \boldsymbol{T}_{BS}\left(\begin{bmatrix} \dot{r}_x \\ \dot{r}_y \\ \dot{r}_z \end{bmatrix} - \boldsymbol{T}_{SI}\begin{bmatrix} V_x \\ V_y \\ V_z \end{bmatrix} - \boldsymbol{T}_{ST}\begin{bmatrix} 0 \\ 0 \\ v_i \end{bmatrix}\right) \tag{6.2}$$

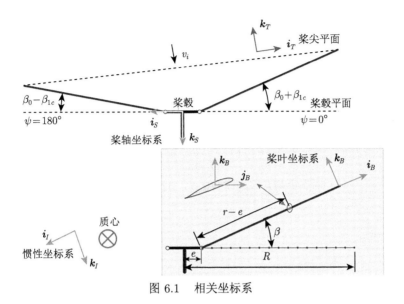

图 6.1   相关坐标系

式中，$\dot{r}_x$、$\dot{r}_y$ 和 $\dot{r}_z$ 为该变距轴上任意点在旋翼轴坐标系中的速度分量；V_x、V_y 和 V_z 为当地气流速度在惯性坐标系中三分量；v_i 为诱导速度；$\boldsymbol{T}_{BS}$ 表示旋翼桨轴坐标系到桨叶翼型坐标系转换矩阵；$\boldsymbol{T}_{ST}$ 表示旋翼桨尖平面到旋翼桨轴坐标系转换矩阵；$\boldsymbol{T}_{SI}$ 表示惯性坐标系到旋翼桨轴坐标系转换矩阵，这些坐标系如图 6.1 所示。桨盘上方诱导速度由 Pitt-Peters 入流模型给出 (Peters and HaQuang, 1988)，该模型可以捕捉到旋翼诱导速度沿周向的 1 阶谐波变化，即

$$\frac{v_i}{\Omega R} = \lambda_0 + \lambda_c \frac{r}{R} \cos\psi + \lambda_s \frac{r}{R} \sin\psi \tag{6.3}$$

式中，Ω 为旋翼转速；R 为旋翼半径；λ 为旋翼入流比。桨叶剖面迎角和合速度由速度矢量式 (6.2) 导出，有

$$\alpha = \theta_0 + \theta_{1c} \cos\psi + \theta_{1s} \sin\psi + \theta_{tw}(r) - \arctan\left(\frac{U_P}{U_R}\right) \tag{6.4}$$

$$U_B = \sqrt{U_P^2 + U_T^2} \tag{6.5}$$

式中，θ_0、θ_{1c} 和 θ_{1s} 分别为旋翼总距、横向周期变距和纵向周期变距；θ_{tw} 是以径向坐标 r 为函数的预扭角。根据当地合气流和翼型剖面迎角，采用翼型气动数据查表计算桨叶各叶素升力系数 $C_l(\alpha, Ma)$ 和阻力系数 $C_d(\alpha, Ma)$。Ma 是点 r 处马赫数，可通过 U_B/a 计算得到，a 为当地声速。

如图 6.2 所示，桨叶剖面微段上气动力为

$$
\begin{cases}
\mathrm{d}L = \dfrac{1}{2}\rho U_B^2 c C_l \mathrm{d}r \\[3mm]
\mathrm{d}D = \dfrac{1}{2}\rho U_B^2 c C_d \mathrm{d}r
\end{cases}
\tag{6.6}
$$

式中，ρ 为空气密度；c 是桨叶弦长。将气动力转换到桨叶坐标系，如图 6.2 所示，有

$$
\begin{cases}
\mathrm{d}F_x = 0 \\
\mathrm{d}F_y = -(\mathrm{d}L\sin\phi + \mathrm{d}D\cos\phi) \\
\mathrm{d}F_z = \mathrm{d}L\cos\phi - \mathrm{d}D\sin\phi
\end{cases}
\tag{6.7}
$$

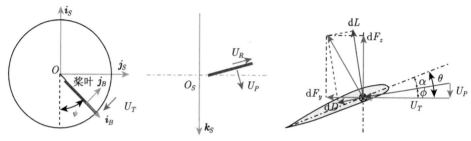

图 6.2　桨叶剖面来流及气动力

考虑惯性力，作用于桨叶微段上合力在桨轴坐标系中分量为

$$
\begin{bmatrix}
{}^S\mathrm{d}F_x \\
{}^S\mathrm{d}F_y \\
{}^S\mathrm{d}F_z
\end{bmatrix}
= \boldsymbol{T}_{SB}
\begin{bmatrix}
\mathrm{d}F_x - m\ddot{r}_x \mathrm{d}r \\
\mathrm{d}F_y - m\ddot{r}_y \mathrm{d}r \\
\mathrm{d}F_z - m\ddot{r}_z \mathrm{d}r
\end{bmatrix}
\tag{6.8}
$$

式中，$\boldsymbol{T}_{SB} = \boldsymbol{T}_{BS}^{-1}$。旋翼桨毂力和力矩由各片桨叶根部力和力矩导出，有

$$
\begin{cases}
F_{Hx} = \dfrac{N_{\mathrm{b}}}{2\pi}\displaystyle\int_0^{2\pi}\int_e^R {}^S\mathrm{d}F_x \mathrm{d}\psi \\[4mm]
F_{Hy} = \dfrac{N_{\mathrm{b}}}{2\pi}\displaystyle\int_0^{2\pi}\int_e^R {}^S\mathrm{d}F_y \mathrm{d}\psi \\[4mm]
F_{Hz} = \dfrac{N_{\mathrm{b}}}{2\pi}\displaystyle\int_0^{2\pi}\int_e^R {}^S\mathrm{d}F_z \mathrm{d}\psi
\end{cases}
\tag{6.9}
$$

式中，N_{b} 为桨叶片数。类似地，旋翼桨毂滚转和俯仰力矩为

$$
\begin{cases}
M_x = \dfrac{N_{\mathrm{b}}}{2\pi}\displaystyle\int_0^{2\pi}\left(e^S\mathrm{d}F_z - k_\beta(\beta - \beta_P)\right)\sin\psi\mathrm{d}\psi \\[4mm]
M_y = \dfrac{N_{\mathrm{b}}}{2\pi}\displaystyle\int_0^{2\pi}\left(e^S\mathrm{d}F_z - k_\beta(\beta - \beta_P)\right)\cos\psi\mathrm{d}\psi
\end{cases}
\tag{6.10}
$$

式中, k_β 为铰弹簧刚度; β_P 为桨叶预锥角。旋翼扭矩可由以下公式计算得到:

$$Q = \frac{N_b}{2\pi} \int_0^{2\pi} \int_e^R (e + (r-e)\cos\psi) dF_y d\psi \qquad (6.11)$$

机体被处理为给定气动力和力矩的刚体。为了简单起见, 尾桨拉力由旋翼扭矩除以尾桨桨毂中心至旋翼轴距离得到。尾桨功率和总距由叶素理论确定, 且入流均匀。

给定三个桨距控制 (总距和纵横向周期变距) 和两个旋翼轴姿态角 (纵横向倾斜角), 对于给定的前飞速度, 可以获得稳态前飞时旋翼的周期响应。旋翼的桨毂力和力矩由作用在机身和尾桨上的力和力矩平衡。机身上的力和力矩由飞行状态和姿态角确定。尾桨的拉力和功率由旋翼的扭矩和飞行状态导出。如图 6.3 所示, 这些力和力矩分量构成了直升机的平衡方程, 即

$$\begin{cases} T - W = 0 \\ D + H - T\alpha_s = 0 \\ Y + Y_F + T\phi_s = 0 \\ M_Y + M_{Y_F} + W(h\alpha_s - x_{CG}) - hD = 0 \\ M_X + M_{X_F} + W(h\phi_s - y_{CG}) + hY_F = 0 \end{cases} \qquad (6.12)$$

式中, T、H、Y、M_Y 和 M_X 为旋翼拉力、阻力、侧向力、俯仰力矩和滚装力矩; D、Y_F、M_{Y_F} 和 M_{X_F} 为机体阻力、侧向力、俯仰力矩和滚装力矩; W 为直升机起飞重量; x_{CG}、y_{CG} 和 h 为直升机质心至旋翼桨毂的纵向、横向和垂向距离; α_s 和 ϕ_s 为旋翼轴的纵向和横向倾斜角。通过求解方程更新桨距角和旋翼姿态角以用于下一次迭代。经过多次的旋翼周期性响应计算和平衡方程的求解, 可以得到收敛或配平的桨距角和旋翼姿态角。然后, 可以得出直升机的旋翼功率和相关信息。直升机飞行性能预测方法的流程如图 6.4 所示。

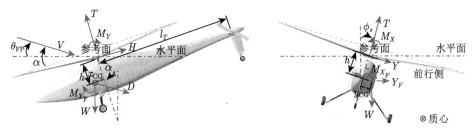

图 6.3　作用于直升机上力和力矩

采用 UH-60A 直升机飞行测试数据 (Yeo et al., 2004) 验证本章所采用的性能分析模型。旋翼和尾桨参数列于表 6.1 和表 6.2(Davis, 1981; Hilbert, 1984;

Buckanin et al., 1985; Nagata et al., 1989)。为了进行性能分析，在机体模型中仅
考虑了气动阻力，本分析中使用的机体阻力方程为 (Yeo et al., 2004)

$$\frac{D}{q} = 0.0158 + (0.064\alpha_s)^2 \tag{6.13}$$

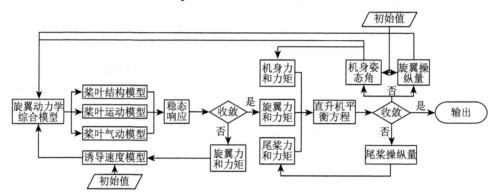

图 6.4　直升机飞行性能计算流程

表 6.1　旋翼参数

参数	数值
旋翼半径	8.18 m
旋翼额定转速	27.0 rad/s
桨叶弦长	0.527m
桨叶预扭	非线性
桨叶翼型	SC1095/SC1094R8
桨叶片数	4
挥舞铰偏置量	0.381 m
桨叶线密度	13.9 kg/m
桨轴纵向预倾角	$3°$

表 6.2　尾桨参数

参数	数值
尾桨半径	1.68 m
尾桨桨叶弦长	0.247 m
尾桨转速	124.6 rad/s
尾桨桨叶预扭	$-18°$
尾桨叶翼型	NACA0012
尾桨桨叶片数	4

式中，D 为机体阻力；q 为动压；α_s 为直升机俯仰姿态角 (即旋翼轴纵向倾斜
角)。尾桨桨毂中心至旋翼轴距离为 9.93m，直升机质心至旋翼桨毂的垂向距离为
1.78m。起飞重量系数分别为 0.0065、0.0074、0.0083 和 0.0091 时，旋翼需用功
率的预测值与试飞测试值的对比如图 6.5 所示。很明显，不同直升机起飞重量时，

本章所采用的方法与飞行实测数据吻合较好，这说明本章所采用的方法可用于分析直升机飞行性能。该性能模型也被用于分析桨叶动态扭转提升旋翼性能 (Han et al., 2016a)。起飞重量系数 $C_W=0.0083$，前进比介于 0.1 至 0.2 之间时，预测值与试飞测试值之间差值略大，这可能源于一些未考虑到的因素，如气动干扰、瞬态风、当地温度、试验设备的工作状态等。

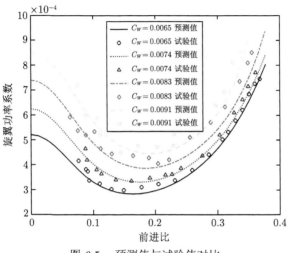

图 6.5 预测值与试验值对比

6.2.2 格尼襟翼模型

采用文献 (Kentfield, 1993) 中的方法用于捕捉加装格尼襟翼的 NACA 0012 翼型的气动特性变化。对于加装了格尼襟翼的 NACA 0012 翼型，如格尼襟翼相对高度 d/c 的变化在 5% 以内 (Kentfield, 1993)，升力系数 C_l 和阻力系数 C_d 可按以下公式计算：

$$C_l = C_l^0 + \Delta C_l \tag{6.14}$$

$$C_d = C_d^0 + 0.135 \left(C_d^0\right)^{-\frac{1}{3}} \left(\frac{d}{c}\right)^{\frac{4}{3}} \tag{6.15}$$

$$\Delta C_l = 0.31858 \left(\frac{d}{c} \times 100\right) - 0.07281 \left(\frac{d}{c} \times 100\right)^2 + 0.00693 \left(\frac{d}{c} \times 100\right)^3 \tag{6.16}$$

式中，d 为格尼襟翼高度；c 为翼型弦长；C_l^0 和 C_d^0 为未加装格尼襟翼的翼型升力系数和阻力系数。格尼襟翼相关参数如图 6.6 所示。对于转动格尼襟翼，安装角 β 为 90°，格尼襟翼高度按预定值给定。

文献 (Li et al., 2002) 给出的升力系数试验值与基于 C81 翼型查表法给出预测值之间对比如图 6.7 所示，很明显，预测值与试验数据一致。在以下分析中，旋翼桨叶翼型改为 NACA 0012 翼型，最大高度比 d/c 限制在 6.0% 以内，格尼襟翼安装于旋翼展向 70%～90%。

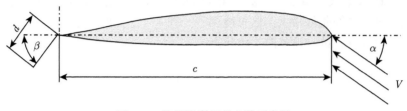

图 6.6　格尼襟翼相关参数示意图

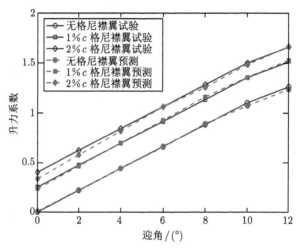

图 6.7　试验与预测数据对比

为确定旋翼功率节省所带来的益处，定义功率节省百分比为

$$\eta = \left(1 - \frac{P}{P_b}\right) \times 100\% \tag{6.17}$$

式中，P 为需对比的旋翼功率；P_b 为基准旋翼需用功率。基准旋翼需用功率定义为在海平面以额定转速工作且不加装格尼襟翼旋翼的需用功率。在下面的分析中，基准起飞重量为 8322.3kg，对应额定转速时起飞重量系数为 0.0065。

6.3　加装格尼襟翼旋翼直升机性能

6.3.1　格尼襟翼在旋翼上的布置方案

在旋翼上加装格尼襟翼有两种不同的布置方案：第一种是将格尼襟翼固定在翼型后缘，这种方案的优点是结构简单、易于实现；第二种是格尼襟翼能在翼型后缘转动，其安装角在 0°～90° 变化。设定在桨盘方位角为 270° 时，格尼襟翼安装角展开为 90°，此时翼型的升力系数和阻力系数均最大。在桨盘方位角为 90°时，格尼襟翼安装角为 0°，此时格尼襟翼将不起作用。格尼襟翼安装角随方位角线性变化，变化规律如下：

$$
\beta = \begin{cases}
\frac{1}{2}(90° - \psi), & \psi \in [0°, 90°) \\
\frac{1}{2}(\psi - 90°), & \psi \in [90°, 270°) \\
\frac{1}{2}(450° - \psi), & \psi \in [270°, 360°)
\end{cases} \tag{6.18}
$$

在旋翼上加装转动格尼襟翼，可以在不同方位角处调节桨叶剖面翼型升力，达到调整旋翼前后行侧桨叶升力不平衡的目的。本章后续提到的转动格尼襟翼均默认按上述规律变化。

以上两种格尼襟翼的加装方案中，默认格尼襟翼沿桨叶径向从根部到桨尖进行布置。在后续对比桨叶径向不同位置处加装格尼襟翼的效果时，格尼襟翼布置在指定的位置。

6.3.2　格尼襟翼对直升机旋翼性能的影响

直升机起飞重量系数 C_W 分别为 0.0065 和 0.0091 时，加装格尼襟翼前后旋翼的需用功率对比如图 6.8 所示，对应的格尼襟翼高度分别为 1.0%c 和 2.0%c。在 C_W 为 0.0091 时，加装格尼襟翼能够有效降低旋翼需用功率，当前飞速度为 280km/h 时，加装 1.0%c 的转动格尼襟翼能够使旋翼需用功率降低 8.14%。C_W 为 0.0065 时，加装格尼襟翼后，旋翼需用功率增大。

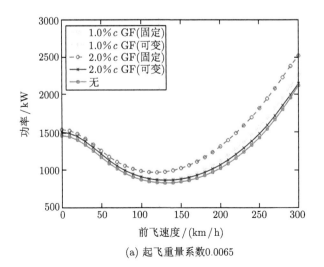

(a) 起飞重量系数0.0065

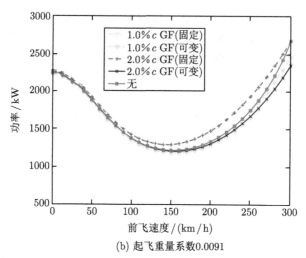

(b) 起飞重量系数0.0091

图 6.8　不同起飞重量系数下加装格尼襟翼的需用功率对比

NACA 0012 翼型升阻比随升力系数的变化如图 6.9 所示，从升阻比的变化趋势可以看出，翼型加装格尼襟翼后，只在升力系数较大时才能提升升阻比。在起飞重量系数 C_W 为 0.0091 且前飞速度大于 250km/h 时，直升机处于大拉力状态，在该状态，加装格尼襟翼后旋翼的升阻比得到提升。通过加装格尼襟翼提升旋翼性能，实质上是通过提升翼型升阻比，以提升旋翼的升阻比，最终达到降低旋翼需用功率的目的。

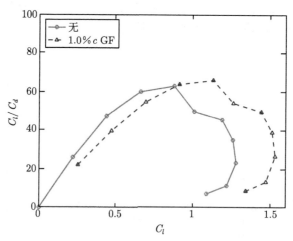

图 6.9　NACA 0012 翼型升阻比随升力系数的变化

直升机起飞重量系数 C_W 分别为 0.0065 和 0.0091 时，加装格尼襟翼前后旋翼升阻比的变化趋势如图 6.10 所示，加装的格尼襟翼分别为 1.0%c 的固定高度格尼襟翼和 1.0%c 的转动格尼襟翼。起飞重量系数 C_W 为 0.0065 时，加装转动格尼襟翼后旋翼升阻比略有降低，而加装固定高度格尼襟翼后中高速飞行时的旋翼升阻比明显降低；起飞重量系数 C_W 为 0.0091 时，在中高速飞行时加装格尼襟翼能够有效提升旋翼升阻比，在前飞速度为 200km/h 时，加装转动格尼襟翼后旋翼升阻比显著提升，而固定高度格尼襟翼在前飞速度为 270km/h 时才能较明显地提升旋翼升阻比。旋翼升阻比的提升使旋翼需用功率相应降低，从图 6.8(b) 中可以明显看出这一趋势。

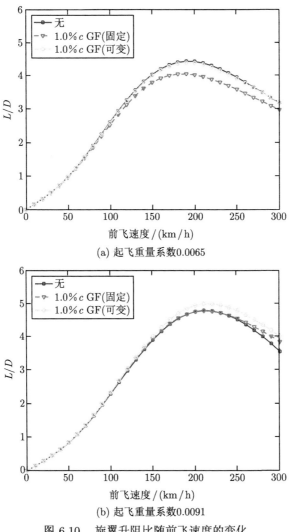

(a) 起飞重量系数0.0065

(b) 起飞重量系数0.0091

图 6.10　旋翼升阻比随前飞速度的变化

　　通过前面的分析可以看出，不同起飞重量直升机，加装格尼襟翼的效果差别较大。加装格尼襟翼后旋翼需用功率节省百分比随直升机起飞重量系数的变化如图 6.11 所示。很明显，加装格尼襟翼后的直升机性能随着起飞重量系数的增加而提升。当起飞重量系数大于某一值时，旋翼加装格尼襟翼才能提升直升机性能，否则将会降低其性能。该图也明显表明，在提升直升机旋翼性能方面，转动格尼襟翼优于固定高度格尼襟翼。

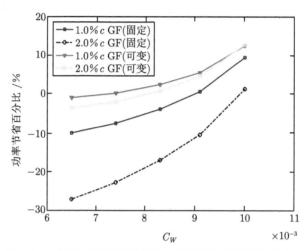

图 6.11　加装 GF 直升机旋翼功率随起飞重量系数的变化

　　直升机前飞时，旋翼前后行侧的桨叶剖面迎角分布不均会导致后行侧的桨叶剖面迎角过大，这容易导致翼型失速问题。格尼襟翼能够在增加翼型升力的同时使翼型的失速迎角不会有较大改变，加装格尼襟翼可以改善桨叶剖面迎角分布。起飞重量系数 C_W 为 0.0091，前飞速度为 250km/h 时，基准旋翼、加装固定高度格尼襟翼旋翼及加装转动格尼襟翼旋翼桨叶剖面迎角分布图如图 6.12 所示。很明显，基准旋翼桨叶剖面迎角分布图中后行侧区域有很大一部分迎角达到 11°~12°，已达失速的边界。旋翼加装固定高度格尼襟翼后，后行侧迎角明显减小，其中最大迎角为 10°，这能显著地缓解失速问题，但从图 6.12(b) 也可以看出前行侧靠近桨尖处的迎角变为负值，该区域会产生向下的力，需要旋翼产生额外的升力来抵消这部分力，这对于提升直升机的性能是不利的。加装转动格尼襟翼后的桨叶剖面迎角分布介于基准旋翼和加装固定高度格尼襟翼旋翼之间，最大迎角为 10°~11°，且前行侧负迎角区域减小。在旋翼上加装格尼襟翼，可以有效地减小后行侧的迎角，达到推迟翼型发生失速的效果。

　　格尼襟翼的高度是影响加装格尼襟翼旋翼直升机的需用功率的重要因素之一。直升机起飞重量系数 C_W 为 0.0091，加装不同高度固定格尼襟翼时，旋翼需用功率节省百分比如图 6.13 所示。由图可知，在中低速时，加装固定高度格尼襟翼对直升机性能影响很小，只有在襟翼高度在 $0.5\%c$ 左右且前飞速度大于 $270\mathrm{km/h}$ 时，才能使需用功率降低达到 5.0%。当襟翼高度大于 $1.0\%c$ 时，需用功率会逐渐增加，在襟翼高度为 $2.0\%c$ 且前飞速度为 $200\mathrm{km/h}$ 时，需用功率增加达到 10.0%。从整体上来说，旋翼上加装固定高度格尼襟翼，其高度在 $0.5\%c$ 时效果最好，能够最大限度地降低旋翼需用功率。

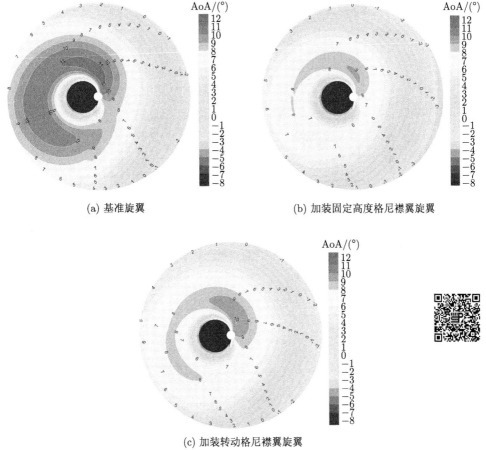

(a) 基准旋翼   (b) 加装固定高度格尼襟翼旋翼

(c) 加装转动格尼襟翼旋翼

图 6.12   加装格尼襟翼前后的迎角分布 (彩图见二维码)

直升机起飞重量系数 C_W 为 0.0091，加装不同高度转动格尼襟翼时，旋翼需用功率节省百分比如图 6.14 所示。与加装固定高度格尼襟翼时的功率节省百分比相比，格尼襟翼高度小于 $0.4\%c$ 时转动格尼襟翼对需用功率的降低效果弱于固定高度格尼襟翼。当格尼襟翼的高度大于 $0.4\%c$ 时，转动格尼襟翼对需用功率的降低效果优于固定高度格尼襟翼。与相同高度的固定格尼襟翼相比，加装转动格尼襟翼能够在相对较小速度时有效降低旋翼需用功率。前飞速度达到 200km/h 时，高度为 $0.7\%c$ 的转动格尼襟翼能够降低 3.5% 的旋翼需用功率，而 $0.7\%c$ 的固定高度格尼襟翼在前飞速度为 260km/h 时才能将旋翼需用功率降低 3.5%。随着转动格尼襟翼高度的增加，旋翼需用功率的降幅也是先增大后减小，在 $0.8\%c$ 左右时，需用功率的降低幅值达到最大。

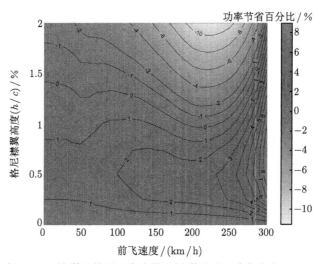

图 6.13　旋翼加装固定高度格尼襟翼时需用功率节省百分比

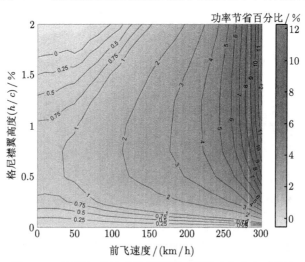

图 6.14　旋翼加装转动格尼襟翼时需用功率节省百分比

桨叶径向不同位置处加装格尼襟翼后，旋翼需用功率节省百分比的对比如

图 6.15 所示。由图可知，悬停状态时，无论转动格尼襟翼还是固定高度格尼襟翼，布置在 $0.6R \sim 0.8R$ 处时，可最大提升旋翼性能，但幅值相对较小，不足 1%。悬停时，旋翼拉力主要分布在桨尖内侧，改善此部分气动环境可获得较大功率节省。随着前飞速度的增加，格尼襟翼的最佳布置开始外移，对于固定高度格尼襟翼，中等速度时，仍然是布置在桨尖内侧较为有利，至中高速时 (大于 240 km/h)，布置在桨叶尖部较为有利。速度为 300km/h 时，由内到外，5 处不同布置的固定高度格尼襟翼分别可降低 1.57%、4.05%、4.96%、6.15% 和 7.19% 旋翼需用功率。很明显，在高速时，改善桨尖气动环境对提升直升机旋翼性能非常重要。对于转

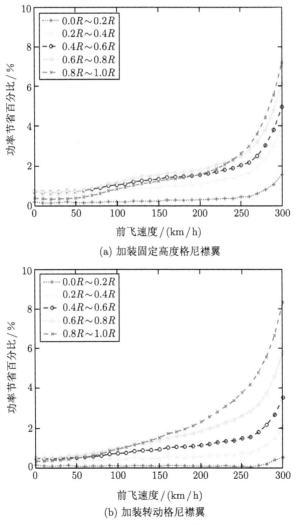

(a) 加装固定高度格尼襟翼

(b) 加装转动格尼襟翼

图 6.15 桨叶径向不同位置加装格尼襟翼时需用功率节省百分比

动格尼襟翼，小速度时，布置在桨尖内侧较为有利，速度大于 140km/h 后，布置在桨叶尖部更加有利。速度为 300km/h 时，由内到外，5 处不同布置的转动格尼襟翼分别可降低 0.50%、2.02%、3.52%、5.78%、8.31% 旋翼需用功率。综上所述，对于固定高度格尼襟翼，随速度增加，最佳位置由桨尖内侧，在中高速度时，逐渐过渡到桨尖；对于转动格尼襟翼，随速度增加，最佳位置由桨尖内侧，在中等速度时，逐渐过渡到桨尖。

需要特别指出，加装格尼襟翼的翼型升力系数增加，翼型的低头力矩也会相应加大，在低头力矩的作用下桨叶产生弹性扭转而使迎角减小，迎角减小会引起升力值降低，从而抵消甚至大于由升力系数增加而引起的升力值增加量，最终降低了格尼襟翼提升直升机旋翼性能的效果，当然在某些极限情况下甚至有可能带来副作用。由于本章采用的是通用的基于刚性桨叶的旋翼性能分析模型，未考虑气弹效应对旋翼性能的影响，在分析某些特殊状态旋翼性能时需考虑该气弹效应的影响。

6.3.3　配平分析

加装格尼襟翼后，旋翼受力与原来相比有所变化，为确定这种变化给直升机操纵量和机体姿态角带来的影响，以直升机起飞重量系数 C_W 为 0.0091 时为例，研究旋翼加装 $1.0\%c$ 格尼襟翼前后直升机操纵量和机体姿态角的变化。

直升机加装 $1.0\%c$ 格尼襟翼后，旋翼总距的变化如图 6.16 所示。加装格尼襟翼前后旋翼的总距都是随着前飞速度的增加，先减小后增大，相同迎角的翼型，加装格尼襟翼后其升力系数要大于原翼型。故升力系数相同时，加装格尼襟翼后翼型迎角会减小，总距相应也会减小。由图可知，加装固定高度格尼襟翼后旋翼

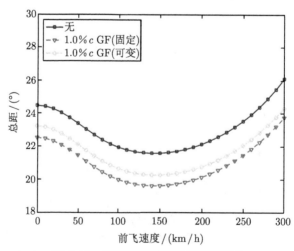

图 6.16　旋翼总距随前飞速度的变化

总距平均减小约 2.0°，而加装转动格尼襟翼后，旋翼总距平均减小约 1.3°。

加装格尼襟翼后，旋翼纵向周期变距和横向周期变距随前飞速度的变化如图 6.17 和图 6.18 所示。旋翼纵向周期变距有所减小，固定高度格尼襟翼和转动格尼襟翼对其影响相近，前飞速度 300km/h 时，旋翼纵向周期变距减小约 0.4°。加装格尼襟翼后，旋翼横向周期变距也减小，前飞速度 300km/h 时，加装转动格尼襟翼后，横向周期变距减小约 1.5°，而加装固定高度格尼襟翼后，横向周期变距减小值约为 0.7°。

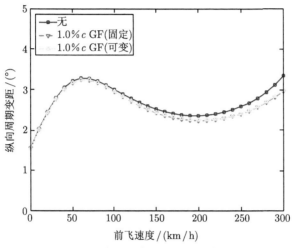

图 6.17　纵向周期变距随前飞速度的变化

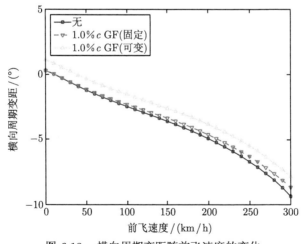

图 6.18　横向周期变距随前飞速度的变化

旋翼加装格尼襟翼后，直升机的前倾角和侧倾角随前飞速度的变化如图 6.19 和图 6.20 所示。旋翼加装格尼襟翼后，直升机的前倾角和侧倾角变化很小。加装转动格尼襟翼后，直升机前倾角和侧倾角几乎没有变化，而加装固定高度格尼襟翼后，直升机前倾角和侧倾角在中高速飞行时略有增大。

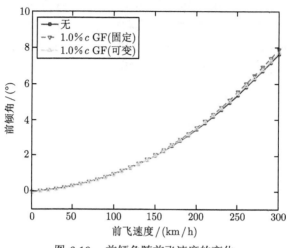

图 6.19　前倾角随前飞速度的变化

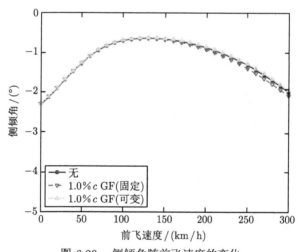

图 6.20　侧倾角随前飞速度的变化

6.4　格尼襟翼提升变转速旋翼性能

6.4.1　固定高度格尼襟翼

不同的旋翼转速和格尼襟翼高度时，直升机旋翼的需用功率如图 6.21 所示。在 $0 \leqslant d/c \leqslant 5\%$ 的高度范围，加装固定高度格尼襟翼的旋翼功率存在最小值。为了确定该最小功率，在给定的前飞速度下，以 0.1% 的高度比增量进行参数扫描。随着旋翼转速的降低，旋翼需用功率通常降低。另外，当前飞速度大于 240km/h 时，85%Ω 时的旋翼需用功率大于 90%Ω 时的值，因此，高速前飞时，无须过度降低旋翼转速。前飞速度 200km/h，旋翼转速分别为 100%、95%、90% 和 85% 时，与未加装格尼襟翼旋翼相比，加装格尼襟翼旋翼的需用功率分别减少了 3.67、6.67、14.2 和 30.6kW。很明显，在较低转速下，加装格尼襟翼可以获得更多的功率节省，因而，格尼襟翼可以提升变转速旋翼的性能。

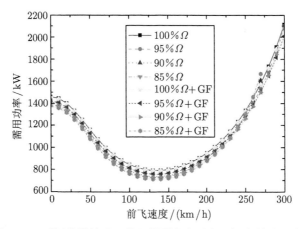

图 6.21 不同旋翼转速及格尼襟翼高度时直升机旋翼需用功率

图 6.21 对应的功率节省百分比如图 6.22 所示。额定转速时，加装格尼襟翼的旋翼功率在悬停时减少了 0.499%，并且随前飞速度平稳变化。在 250km/h 速度时，功率节省随着前飞速度增加明显，300km/h 速度时达到最大值 1.66%。格尼襟翼在高速飞行时表现出更佳的性能。95%Ω、90%Ω 和 85%Ω 旋翼转速时，功率节省整体上先增大然后减小。随着旋翼转速的降低，可获得的最大前飞速度减小。当旋翼转速降到 85%Ω 时，直升机的最大前飞速度不会超过 220km/h。加装格尼襟翼后，最高飞行速度可达 270km/h。旋翼转速为 90%Ω 时，加装和不加装格尼襟翼的情况下，在 0、100、200、250 和 270km/h 速度时，功率节省之间的差异分别为 0.63%、0.67%、1.49%、2.92% 和 6.77%。由于格尼襟翼不会改变桨叶尖部的马赫数，因此加装格尼襟翼后翼型气动特性变好，从而带来功率节省，在失速状态附近时效果更佳。显然，格尼襟翼可以提升变转速旋翼的性能并扩大对应的飞行包线，尤其是在失速附近和高速飞行时。

由于格尼襟翼通常在高桨距角时效果最佳，因此悬停时可能会出现旋翼功率降低的情况。悬停时旋翼桨叶各剖面迎角的分布如图 6.23 所示。在 70%R～90%R 的区域内，迎角在 4°～6°。对于这些角度，合适的格尼襟翼高度 (小于 1%c) 可以提高升阻比，如文献 (Kentfield, 1993) 中的图 6 所示。这就是可以在悬停时减少旋翼功率的原因。随着旋翼转速的降低，迎角增加，而格尼襟翼所带来的功率节省自然增加。

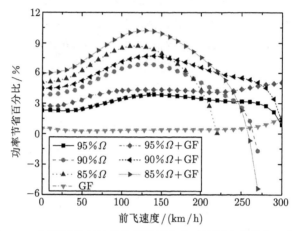

图 6.22　不同旋翼转速及格尼襟翼高度时旋翼功率节省百分比

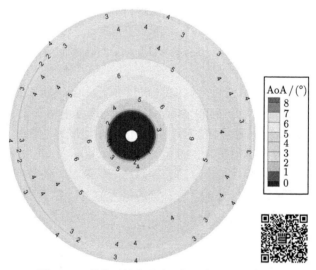

图 6.23　悬停时迎角分布云图 (彩图见二维码)

对应于最小功率的格尼襟翼高度如图 6.24 所示。随着前飞速度的增加，该高度首先略微减小，然后增大。在高速飞行时，急剧增加。随着旋翼转速的降低，所需的格尼襟翼高度增加。260km/h 速度和 85%Ω 的旋翼转速时，高度比为 5.0%。因此可以预计，更大的格尼襟翼高度可以获得更高的最大前飞速度。

旋翼转速为 $90\%\Omega$(加装格尼襟翼和未加装格尼襟翼时) 与 $100\%\Omega$ 时，旋翼总距 θ_0、横向周期变距 θ_{1c} 和纵向周期变距 θ_{1s} 如图 6.25 所示。随旋翼转速的降低，总距和周期变距的绝对值增大。动压的减小会导致桨距角增加，以保持直升机的平衡。这些趋势与文献 (Bowen-Davies and Chopra, 2015) 中的相似。加装格尼襟翼会导致 θ_0 减小，幅度相对较小。θ_{1c} 和 θ_{1s} 略有变化。旋翼轴纵向倾斜角 α_s 和横向倾斜角 ϕ_s 如图 6.26 所示。随着旋翼转速的降低，α_s 和 ϕ_s 减小，趋势与文献 (Bowen-Davies and Chopra, 2015) 中的相同。α_s 和 ϕ_s 与没有加装格尼襟翼时的值相比变化很小。显然，由于升力的增加效应，格尼襟翼主要改变 θ_0。

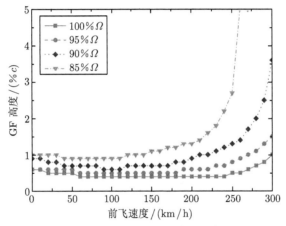

图 6.24　对应最小功率的格尼襟翼高度

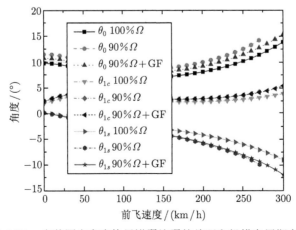

图 6.25　安装固定高度格尼襟翼旋翼的总距和纵横向周期变距

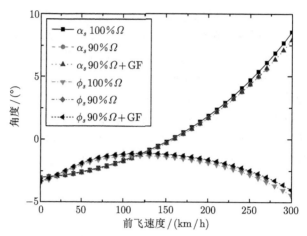

图 6.26　安装固定高度格尼襟翼旋翼轴纵横向倾斜角

6.4.2　转动格尼襟翼

在下面的分析中，格尼襟翼的高度按以下公式预给定：

$$h = A(1 + \sin(n\Omega t + \phi)) \tag{6.19}$$

式中，A 是格尼襟翼的平均高度；n 是谐波数；Ω 是旋翼转速；ϕ 为谐波运动的相位角。

1. 1 阶格尼襟翼

不同前飞速度和格尼襟翼 1 阶谐波运动相位时，旋翼需用功率如图 6.27 所示。格尼襟翼运动的幅度设定为 $2\%c$。在低速前飞时，旋翼功率随格尼襟翼的相位变化很小。高速前飞时，功率发生明显变化。300km/h 速度和 340° 相位时，旋翼功率增加了 3.99%。当相位移至 180° 时，旋翼功率降低 3.51%。格尼襟翼运动的相位对旋翼功率的影响明显。所研究速度范围内的最小功率所对应的相位在 180° 附近。在以下与 1 阶格尼襟翼运动相关的分析中，相位设定为 180°。

图 6.28 给出了不同旋翼转速时的需用功率节省百分比。与固定高度格尼襟翼相比，1 阶转动格尼襟翼会带来更多的功率节省。在 300km/h 的速度和 $100\%\Omega$ 的旋翼转速时，最大的功率节省为 3.51%。对于固定高度格尼襟翼，此值为 1.66%。当旋翼转速降低 5% 时，两值分别为 7.63% 和 5.06%。随着前飞速度的增加，加装和不加装格尼襟翼时功率节省之间的差异会增加，尤其是对于高速飞行而言。以 200 km/h 的速度飞行，在 $95\%\Omega$、$90\%\Omega$ 和 $85\%\Omega$ 转速时的差值分别为 0.70%、1.49% 和 3.22%。在 220 km/h 和 $85\%\Omega$ 的情况下，差值为 8.37%，远大于 200km/h 时的值。显然，在较低旋翼转速和较高前飞速度时，格尼襟翼可

以获得更佳的性能提升，这表明格尼襟翼在大拉力和高速时效果更好。加装格尼襟翼可以增加最大前飞速度，突显了格尼襟翼在扩大直升机飞行包线方面的潜力。

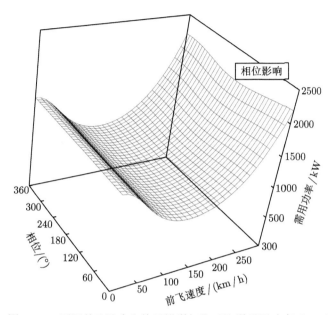

图 6.27 不同前飞速度和格尼襟翼相位时旋翼需用功率 (2%c)

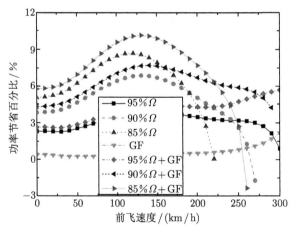

图 6.28 1 阶格尼襟翼带来的功率节省百分比

图 6.29 比较了 200km/h 前飞速度、不同旋翼转速和格尼襟翼高度时的迎角分布。降低旋翼速度 (90%Ω)，整体迎角增加，以提供足够的拉力并保持平衡。后行侧的迎角增加明显。迎角大于 10° 的区域扩大，出现迎角 11° 的区域。这表明

旋翼载荷情况恶化。加装格尼襟翼时，平均迎角减小，这是由于格尼襟翼增加了升力。迎角沿展向的变化变得平缓，这表明旋翼载荷有所减轻。

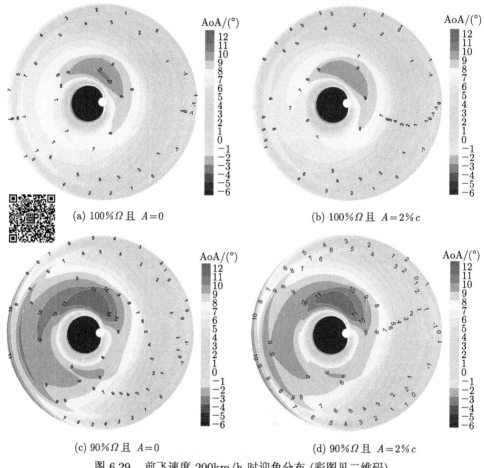

(a) 100%Ω 且 $A=0$　　　　　　　　　　(b) 100%Ω 且 $A=2\%c$

(c) 90%Ω 且 $A=0$　　　　　　　　　　(d) 90%Ω 且 $A=2\%c$

图 6.29　前飞速度 200km/h 时迎角分布 (彩图见二维码)

　　图 6.30 给出了在给定旋翼转速和前飞速度时对应最小旋翼功率的格尼襟翼高度。随着前飞速度的增加，格尼襟翼高度增加。在低速至中速时，趋势变化平滑。对于高速飞行，所需高度会急剧增加。降低旋翼转速，需要更大的格尼襟翼高度。高速前飞时，需要大于 $2.5\%c$ 高度的格尼襟翼，这表明如果采用更高的格尼襟翼，则可以增大最大前飞速度。

　　旋翼转速为 90%Ω(加装 1 阶格尼襟翼和未加装 1 阶格尼襟翼时) 与 100%Ω 时，旋翼总距 θ_0、横向周期变距 θ_{1c} 和纵向周期变距 θ_{1s} 如图 6.31 所示。图中趋势与加装固定高度格尼襟翼类似。加装 1 阶格尼襟翼会减小 θ_0，其幅值略微大于固定高度格尼襟翼。在前飞速度 250km/h，旋翼转速 90%Ω 时，加装固定高度格尼襟翼，θ_0 减小 1.04°，对于 1 阶格尼襟翼，该值为 1.46°。θ_{1c} 和 θ_{1s} 的变化较小。与固定高度格尼襟翼相比，θ_{1s} 减小较多。桨轴纵向倾斜角 α_s 和横向倾斜角 ϕ_s 如图 6.32 所示，与不加装格尼襟翼时的值相比，纵横向倾斜角变化很小。

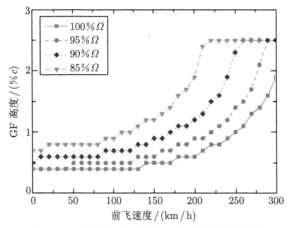

图 6.30   对应最小功率时 1 阶格尼襟翼高度

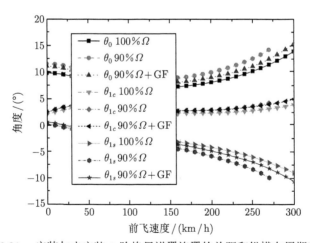

图 6.31   安装与未安装 1 阶格尼襟翼旋翼的总距和纵横向周期变距

图 6.33 给出了不同起飞重量时的功率节省百分比。直升机起飞重量越大，格尼襟翼可以带来更多的功率节省，尤其是在高速飞行时。起飞重量为 8322.3kg、旋翼转速为 90%Ω，与不加装格尼襟翼时的旋翼功率相比，加装 1 阶格尼襟翼可减少 1.49% 的功率。当起飞重量变为 9474.7kg(100%Ω 时的重量系数为 0.0074) 时，该值变为 4.47%。显然，格尼襟翼在大拉力情况下可以实现更佳的性能提升，

并且可以提高最大前飞速度。为了获得更高的最大前飞速度，可以降低旋翼转速以减小前行侧的桨尖马赫数，采用 1 阶格尼襟翼缓解后行侧的失速。对于高速直升机而言，这可能是一种实现更高速度的实用方法。

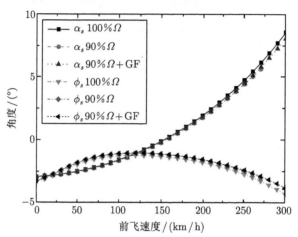

图 6.32　安装与未安装 1 阶格尼襟翼旋翼轴纵横向倾斜角

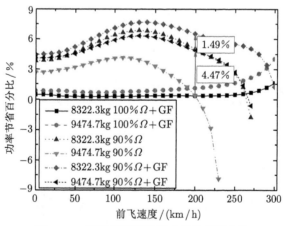

图 6.33　不同起飞重量时功率节省百分比

2. 2 阶格尼襟翼

对于不同的前飞速度，图 6.34 给出了 2 阶转动格尼襟翼的相位对旋翼功率的影响。幅值 A 设置为 $2\%c$。在低速到中等速度时，功率随相位变化很小。高速飞行时，功率随相位的变化很明显。最小功率对应的最佳相位约为 $110°$，在以下分析中，采用该相位。

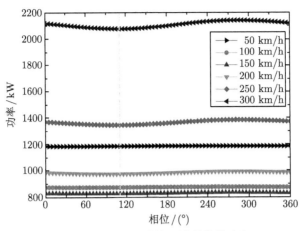

图 6.34 加装 2 阶格尼襟翼旋翼功率

图 6.35 给出了不同前飞速度和旋翼转速时的功率节省百分比。当格尼襟翼高度 $h \leqslant 5\%c$ 时功率为最小值。与 1 阶相比，2 阶格尼襟翼会带来较少的功率节省。在 300km/h 的速度和 $100\%\Omega$ 的旋翼转速时，1 阶格尼襟翼带来的功率节省为 3.51%，而对于 2 阶格尼襟翼，此值为 2.18%。在旋翼转速为 $85\%\Omega$ 的情况下，1 阶格尼襟翼带来的最大功率节省为 10.7%，而 2 阶为 10.2%。从功率节省的观点来看，较低阶谐波格尼襟翼是首选。

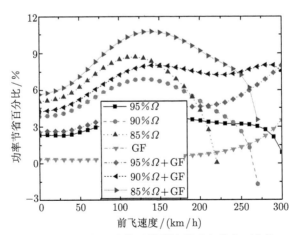

图 6.35 加装 2 阶格尼襟翼旋翼功率节省百分比

图 6.36 给出了对应于最小旋翼功率时的 2 阶格尼襟翼的高度。随着前飞速度的增加，格尼襟翼的高度先略有下降，然后再增加。在低速至中速时，趋势平滑变化。在高速飞行时，所需高度急剧增加。降低旋翼转速，需要更大的高度。高

速飞行时，需要高度大于 $2.5\%c$，这是由于本章研究中的高度设置限制。如果可以使用更大的高度，则可以在高速飞行时获得更多的功率节省。以 200km/h 的速度前飞，$100\%\Omega$、$95\%\Omega$、$90\%\Omega$ 和 $85\%\Omega$ 时的平均高度分别为 $0.4\%c$、$0.6\%c$、$0.9\%c$ 和 $1.2\%c$。对于 1 阶格尼襟翼，平均高度分别为 $0.6\%c$、$0.8\%c$、$1.1\%c$ 和 $1.7\%c$。显然，对于较高阶的谐波运动，较小的高度更好。

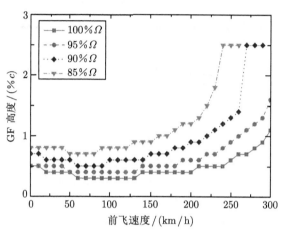

图 6.36　对应最小功率时 2 阶格尼襟翼高度

3. 高阶格尼襟翼

起飞重量为 8322.3kg，旋翼转速为 $100\%\Omega$ 时，不同阶次格尼襟翼的需用功率节省百分比如图 6.37 所示。平均高度固定在 $2\%c$，相位设定为给定前飞速度

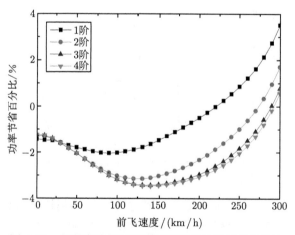

图 6.37　加装高阶格尼襟翼旋翼需用功率节省百分比

时最小功率对应的值。显然，功率节省随着阶次的增加而降低。高次谐波输入需要采用不同高度的格尼襟翼。对于旋翼而言，由于高升力时格尼襟翼的效率更高，因此在后行侧的失速区域中或附近需要更大的格尼襟翼高度。在其他区域，较大高度的格尼襟翼对应于较高的能耗，从而产生额外的阻力代价。自然地，较高的阶次格尼襟翼节省的功率更少。$2\%c$ 高度格尼襟翼是所研究格尼襟翼高度中的较大值。在高速飞行时，同样可以节省功率。对于 $1{\sim}4$ 阶格尼襟翼，以 $300\mathrm{km/h}$ 的速度前飞时，功率节省分别为 3.51%、1.71%、0.765% 和 0.557%。很明显，1 阶谐波运动格尼襟翼可提供最佳的性能提升。功率节省也大于图 6.22 所示的固定高度格尼襟翼所获得的功率节省。从桨叶载荷的角度来看，1 阶载荷通常是主要组成部分。因此，可以使用 1 阶格尼襟翼在降低旋翼功率的同时降低桨叶载荷。

6.5 格尼襟翼提升变转速尾桨性能

6.5.1 固定高度格尼襟翼

不同的旋翼转速 (Ω)、不加装和加装固定高度格尼襟翼 (H) 时，尾桨功率以及对应的功率节省百分比随前飞速度变化如图 6.38 和图 6.39 所示。格尼襟翼的高度为桨叶弦长的 $2\%(2\%c)$。悬停时，降低尾桨转速对尾桨功率的影响很小，尾桨转速降低 10% 或 20% 可以带来尾桨功率 2.1% 或 3.1% 的节省。如加装格尼襟翼，功率节省为 2.3% 或 3.6%。格尼襟翼所带来的功率节省增量为 0.2 个百分点和 0.5 个百分点，这表明尾桨转速的降低主导着功率节省，格尼襟翼的影响是次要的。$150\mathrm{km/h}$ 速度时，降低尾桨转速可以显著降低尾桨功率，转速降低 20% 可带来 25.1% 的功率节省。由于尾桨转速对尾桨型阻功率有更强的影响，在此飞行

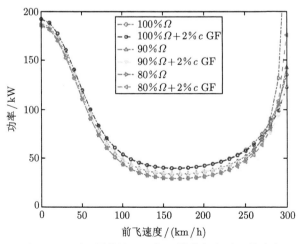

图 6.38 不同尾桨转速和格尼襟翼高度时尾桨功率

速度时，降低尾桨转速可以获得更多的功率节省。加装格尼襟翼后，悬停和低至中速前飞时的区别不明显。290km/h 高速时，尾桨转速降低 0%、10% 或 20%，加装格尼襟翼可带来的功率节省分别为 7.2%、9.7% 或 21.5%。由于格尼襟翼是一种增升装置，高升力状态时具有更大的升阻比，因此，格尼襟翼在高速飞行时显示出更佳的功率节省效果，尤其是当尾桨工作于较低转速时。相对性能提升而言，降低尾桨转速更适宜于中等飞行速度状态，而加装格尼襟翼更适宜高速飞行。

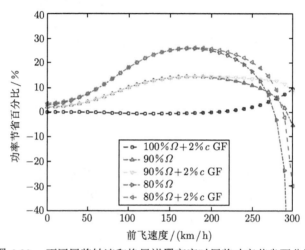

图 6.39　不同尾桨转速和格尼襟翼高度时尾桨功率节省百分比

图 6.40 给出了尾桨总距随前飞速度变化曲线。降低尾桨转速会增大尾桨总距。格尼襟翼高度为 2%c 时，尾桨总距减小。尾桨转速引起的尾桨总距的变化

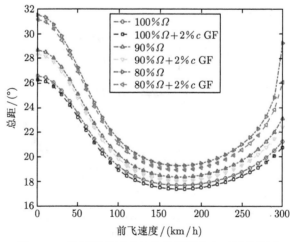

图 6.40　不同尾桨转速和格尼襟翼高度时尾桨总距

通常大于格尼襟翼引起的变化。300km/h 速度时，未加装和加装 2%c 高度格尼襟翼、不同尾桨转速时尾桨各剖面迎角 (AoA) 分布如图 6.41 所示。前行侧的迎角明显大于后行侧的迎角，这与直升机旋翼桨叶各剖面的迎角本质不同。由于尾桨没有采用周期变距控制，且不存在横向力矩平衡，因此，尾桨前行侧的桨叶比会后行侧的桨叶产生更大的拉力。加装格尼襟翼会降低迎角，这是因为格尼襟翼提高了翼型的升力系数。尾桨转速降低会导致动压减小，为产生相同的尾桨拉力，需增加迎角。格尼襟翼可以抵消由尾桨转速降低而导致的迎角的增加。

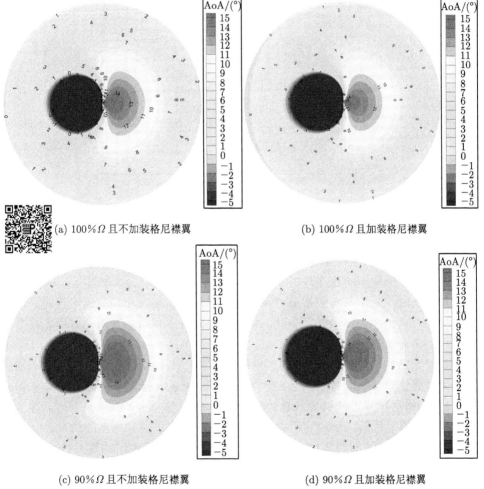

(a) 100%Ω 且不加装格尼襟翼   (b) 100%Ω 且加装格尼襟翼

(c) 90%Ω 且不加装格尼襟翼   (d) 90%Ω 且加装格尼襟翼

图 6.41　不同尾桨转速和格尼襟翼高度时迎角分布 (彩图见二维码)

图 6.42 给出了平衡旋翼反扭矩所需的拉力，以及加装和没有加装格尼襟翼时

及不同尾桨转速时尾桨所能产生的最大拉力。悬停时所需的尾桨拉力很大，随着前飞速度的增加先减小，中速到高速飞行时增加。这是由旋翼功率随前飞速度的变化所致。由于动压的降低，尾桨的最大拉力随尾桨转速的降低而减小。300km/h速度时，如尾桨转速降低 20%，偏航控制将变得困难。高速飞行时，有必要补偿由尾桨转速降低所导致的尾桨最大拉力的减小。加装格尼襟翼时，尾桨最大拉力会因升力系数的增加而增大，幅值的增加比较适中。2%c 高度的格尼襟翼难以弥补由尾桨转速降低而导致的尾桨拉力减小。

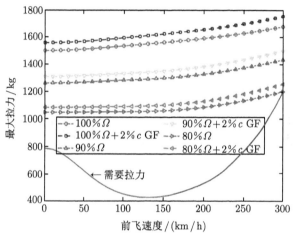

图 6.42   不同尾桨转速和格尼襟翼高度的最大拉力

图 6.43 给出了不同高度的格尼襟翼在 90%Ω 时尾桨功率节省百分比。很明显，在悬停和低速至中速飞行时，尾桨功率节省由尾桨转速降低主导。悬停和低至中速前飞时，功率节省随格尼襟翼高度的增加而减小，而在高速飞行时，功率节省增加。这是因为，中低升力时，格尼襟翼降低了翼型的升阻比，而在高升力时则增加了翼型升阻比 (Wang et al., 2008)。150km/h 速度和转速降低 10% 时，功率节省 13.9%。如使用 5%c 高度的格尼襟翼，该值将变为 11.8%。5%c 高度的格尼襟翼使得功率反而增加 2.1 个百分点。290km/h 速度飞行时，高度为 2%c和 5%c 的格尼襟翼可分别带来 9.7% 和 13.5% 的功率节省。高速飞行时，较大高度的格尼襟翼是优选，因为它可以比较小高度格尼襟翼节省更多的功率。

图 6.44 给出了不同格尼襟翼高度和尾桨转速时尾桨可用的最大拉力。显然，尾桨转速降低 10% 会导致最大拉力显著减小，这可能会显著降低直升机的偏航控制能力。尾桨最大拉力随着格尼襟翼高度的增加而增大。5%c 高度的格尼襟翼可以弥补 10% 尾桨转速降低带来的近 50% 的拉力下降。可通过增加格尼襟翼高度来增强此效果。但是，考虑到悬停和中速飞行时其对尾桨性能的副作用，格尼襟

翼高度不宜过大。

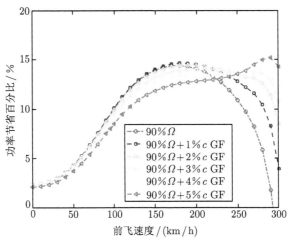

图 6.43　90%尾桨转速下不同格尼襟翼高度时尾桨功率节省百分比

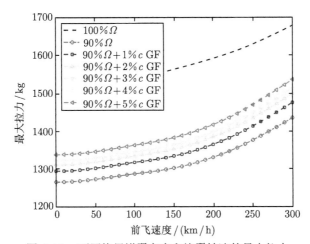

图 6.44　不同格尼襟翼高度和旋翼转速的最大拉力

6.5.2 转动格尼襟翼

前面的分析是基于固定高度格尼襟翼，该格尼襟翼简单且易于生产和维护。但是，与尾桨的最佳性能相对应的格尼襟翼最佳高度随直升机飞行状态 (速度、高度或重量) 的变化而变化。转动格尼襟翼是提升尾桨性能的更佳候选者。在下面的分析中，转动格尼襟翼的高度设定见式 (6.19)。

250km/h 速度时，平均格尼襟翼高度为 2%c 的不同谐波阶次和相位对尾桨功率的影响如图 6.45 所示。随着谐波阶次的增加，尾桨功率的变化幅度减小。1
阶输入可比其他阶次谐波输入获得更多的功率节省，3 阶和 4 阶输入对尾桨功率
几乎没有影响，优选低阶谐波输入用于节省尾桨功率。当 1 阶输入的相位移至 0°
时，可以获得最大的功率节省。对于 2 阶输入，对应的相位为 270°。

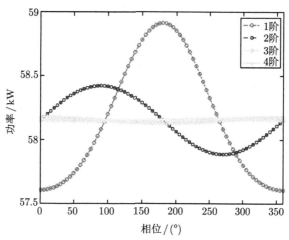

图 6.45   不同阶数谐波输入下相位对功率的影响 (250km/h、100%、2%c)

图 6.46 给出了格尼襟翼高度随周向角的变化。对于 1 阶输入，格尼襟翼在
前行侧具有最大高度，在后行侧具有最小值。对于 2 阶输入，格尼襟翼在前行侧
和后行侧均具有最大值。为了产生更大的拉力，尾桨充分利用了前行侧较高的动
压。格尼襟翼提升尾桨性能的机理与提升旋翼性能的机理完全不同 (Kinzel et al.,
2007)。

图 6.47 比较了固定高度和 1 阶转动格尼襟翼所带来的功率节省百分比。两
者的平均高度均为 2%c，1 阶格尼襟翼的相位移至 0°。通常，除了超高速飞行
以外，两者带来的功率节省差异很小。在尾桨转速为 100%Ω、90%Ω 和 80%Ω
且前飞速度为 300km/h 时，固定高度格尼襟翼和转动格尼襟翼所带来的功率节
省差异分别为 1.9%、2.8% 和 9.2%。显然，与固定高度格尼襟翼相比，转动格
尼襟翼并没有表现出明显的优势。然而，转动格尼襟翼须消耗能量来驱动格尼襟
翼，驱动系统和电源设备给尾桨系统增加了额外的重量，桨叶结构必须加强以承
受更大的载荷，这些子系统增加了尾桨系统的复杂性，并且降低了系统可靠性。考
虑到转动格尼襟翼所带来的这些副作用，固定高度格尼襟翼可能更可行且更受欢
迎。这与旋翼变转速技术类似，因为旋翼转速的变化也会带来相关问题 (Han et
al., 2013; Amri et al., 2016)。当我们应用这些新技术时，最好权衡其所带来的利
和弊。

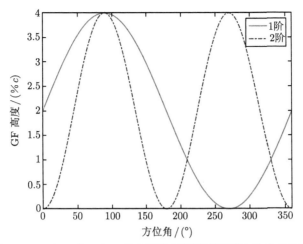

图 6.46　1/rev 和 2/rev 输入下格尼襟翼高度随方位角的变化

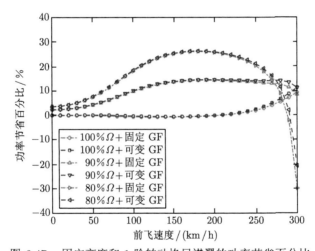

图 6.47　固定高度和 1 阶转动格尼襟翼的功率节省百分比

6.6　本章小结

为了研究加装格尼襟翼旋翼的直升机飞行性能，建立了基于叶素理论的直升机飞行动力学模型，用 UH-60A 直升机飞行实测数据对计算模型进行了验证。综合已有的基于试验结果的格尼襟翼气动特性经验模型，获得了加装格尼襟翼后直升机的稳态飞行响应。通过对加装格尼襟翼前后的直升机稳态响应结果的对比分析，得到了以下结论。

(1) 在起飞重量系数及前飞速度都较大时，加装格尼襟翼能够有效提升旋翼升阻比，降低旋翼需用功率；在起飞重量系数较小及前飞速度较低时，加装格尼襟翼后，旋翼升阻比降低，需用功率增大。

(2) 加装格尼襟翼后直升机需用功率随着格尼襟翼高度的增加先增大后减小。格尼襟翼加装高度存在最优值，该高度时旋翼需用功率降低最多。转动格尼襟翼最优高度大于固定格尼襟翼。

(3) 大速度时，格尼襟翼加装位置对旋翼需用功率有明显影响，加装位置越靠近桨尖处，降低旋翼需用功率的效果越明显。

(4) 旋翼加装格尼襟翼可以有效减小后行侧桨叶的迎角，缓解直升机前飞时的失速。转动格尼襟翼能够使前后行侧的桨叶剖面迎角分布更为均衡。

(5) 旋翼加装格尼襟翼，使旋翼需用功率降低时，旋翼总距和纵横向周期变距减小，直升机前倾角和侧倾角变化较小。

随后，采用经过验证的直升机飞行性能模型探索格尼襟翼用于提升变速旋翼性能的潜力。采用 UH-60A 直升机的飞行实测数据验证本章采用的模型，旋翼功率的预测与飞行试验数据吻合良好，说明本章方法可用于分析旋翼性能。通过分析得出以下结论。

(1) 加装固定高度的格尼襟翼可以提升变转速旋翼的性能，并扩大其飞行包线，特别是在失速附近和高速飞行时。较低旋翼转速时，可以节省更多的旋翼功率。与最大功率节省相对应的襟翼高度随前飞速度略微降低，然后增加。高速飞行时，功率节省随着襟翼高度的增加而急剧增加。

(2) 1 阶转动格尼襟翼比固定高度格尼襟翼可以带来更多的功率节省。200km/h 速度、85%Ω 旋翼转速时，1 阶格尼襟翼多获得的功率节省达 3.22%。220km/h 速度时，该值为 8.37%。对应于最小功率的襟翼高度在低速至中速飞行时缓慢增加，而在高速飞行时则增加较多。

(3) 更大起飞重量时，1 阶格尼襟翼可以获得更多的功率节省。

(4) 在相同的飞行条件下，2 阶转动格尼襟翼带来的功率节省少于 1 阶格尼襟翼，其平均高度也小于 1 阶格尼襟翼。

(5) 功率节省随着格尼襟翼谐波的阶次增加而减小。1 阶格尼襟翼可以获得最大的功率节省，而且比固定高度格尼襟翼大。

(6) 加装格尼襟翼会带来旋翼总距少量减小，周期变距和旋翼轴倾斜角的变化相对较小。

最后，采用经过验证的直升机模型预测旋翼和尾桨的功率，并被应用于探讨格尼襟翼提升变转速尾桨的性能。通过分析得出以下结论。

(1) 格尼襟翼对悬停和低至中速前飞时尾桨功率的影响很小。高速飞行时，由于格尼襟翼是一种增升装置，在高升力状态下具有更大的升阻比，因此它可以显著降低尾桨功率。随着尾桨转速的降低，该益处增加。

(2) 由于加装格尼襟翼的桨叶剖面可以产生更大的升力，因此加装格尼襟翼会带来尾桨总距的减小，且尾桨最大拉力增加。

(3) 高速时，较大高度的格尼襟翼是首选，与较小高度的格尼襟翼相比，其可节省更多的尾桨功率。290km/h 速度、90%尾桨额定转速时，高度为 2%c 和 5%c 的格尼襟翼可以分别带来 9.7% 和 13.5% 的尾桨功率节省。

(4) 由于加装格尼襟翼的桨叶剖面产生的升力增加，格尼襟翼可以用于补偿尾桨最大拉力的减小。5%c 高度的格尼襟翼可以弥补 50% 的因尾桨转速降低 10% 所带来的拉力减少量。

(5) 由于转动格尼襟翼可以随着空气动力环境的变化而优化格尼襟翼的高度，因此它可比固定高度的格尼襟翼节省更多的功率。但是，即使在高速飞行时，优势也有限。考虑到转动格尼襟翼所带来的副作用，固定高度格尼襟翼可能更可行且更可取。

(6) 转动格尼襟翼利用前行侧较高的动压来产生更大的尾桨拉力。转动格尼襟翼提升尾桨性能的机理与提升旋翼性能的机理完全不同。

需要特别指出，本章所得结论是基于所建立的旋翼模型，本章中采用的刚性桨叶模型未考虑加装格尼襟翼后桨叶气动力矩的变化，在某些特殊飞行状态，该力矩可使弹性桨叶产生较大的低头力矩，从而降低格尼襟翼提升直升机旋翼性能的效果。应该注意的是，格尼襟翼的实际应用也可能会产生副作用，例如，重量和系统复杂度增加、驱动格尼襟翼所需的额外功耗等。上面给出的精确数字特定于本章中使用的桨叶。对于具有不同平面形状、翼型、直径等的旋翼，最佳配置和性能提升水平可能会有所不同。

第 7 章 独立桨距控制旋翼

独立桨距控制不同于高阶谐波控制，高阶谐波控制只能产生桨叶片数整数倍的桨距输入，而独立桨距控制则可产生除桨叶片数整数倍的谐波输入外，还可以产生其他阶次输入，因而应用范围不限于旋翼振动主动控制，还可应用于旋翼性能提升和旋翼噪声控制。本章主要探讨高阶谐波输入独立桨距控制对旋翼性能的影响，从而理解独立桨距控制提升旋翼性能的机理，并对相关关键参数影响进行分析。

7.1 引　　言

主动旋翼技术的出现，为进一步提升旋翼性能提供了新的发展途径，其中独立桨距控制技术是通过安装在旋转环上的作动器，实现桨叶的高阶谐波桨距变化。国内外的理论和试验研究 (Swanson et al., 1994; Splettstoesser et al., 2000; Fürst et al., 2004; Roget and Chopra, 2003; 孙超等, 2016; 倪同兵等, 2017) 表明，独立桨距控制在直升机减振和旋翼降噪上有着较好的应用前景，对于增加高阶谐波桨距输入后可能带来的直升机需用功率变化的关注则相对较少。独立桨距控制的输入阶次、幅值和相位角等参数的变化对直升机性能的改变都有一定的影响，如何输入较优的独立桨距以减小旋翼的需用功率，并探讨性能提升的条件与机理是本章的主要研究内容。

早在 20 世纪 50 年代，Payne(1958) 就考虑了高阶的桨距控制在延缓旋翼失速上的可能性，指出合适的高阶桨距输入可以有效推迟后行侧桨叶的失速。随后，对于高阶谐波控制的研究重点转移到旋翼的减振和降噪上 (Kessler, 2011)，由于输入频率对高阶谐波控制的限制 (Friedmann, 2014)，缺少 2 阶桨距的输入不利于功率节省，后续研究人员逐渐开始研究基于桨距控制的独立桨叶控制。Swanson 等 (1994) 通过试验研究表明，斜下降飞行状态时，开环的独立桨距控制可有效降低 BO-105 直升机的整体噪声。Splettstoesser 等 (2000) 对比了具有独立桨距控制系统的直升机的试验结果和仿真计算结果，发现开环的独立桨距控制在降低桨涡干扰噪声和减振上有较大潜力。倪同兵等 (2017) 基于一种综合噪声分析方法，模拟了桨涡干扰发生时的旋翼非定常气动载荷和噪声特性，分析了独立桨距控制的降噪机理。德国 ZFL 公司 (Fürst et al., 2004) 为 CH-53G 直升机设计、制造和安装了一个试验性的独立桨距控制系统，可有效解决直升机振动问题，前飞速度为 70kn(1kn=1.852km/h) 时，减振效果最佳。Roget 和 Chopra(2003) 基于独立桨距控制方法开发了一种自适应控制算法用于减小旋翼桨毂振动，控制器成功减少了由桨叶差异引起的桨毂载荷的所有谐波量。孙超等 (2016) 采用基于独立桨距控制的主动振动控制方法，对某电控旋翼进行了数值仿真，结果表明独立桨距控制方法的减振效果显著。

国内外在独立桨距控制提升直升机性能方面也开展了一定的研究。韩东等 (2018) 较详细地总结了国外在独立桨距控制提升直升机性能方面的研究进展，指出了独立桨距控制在提升直升机最大飞行速度 (Arcidiacono, 1961)、降低直升机高速飞行时的需用功率 (Shaw et al., 1989; Norman et al., 2009) 以及提升旋翼性能 (Jacklin et al., 1993; Jacklin et al., 1995) 等方面有积极作用。上述研究基于 2 阶的独立桨距控制对旋翼性能的影响，阻力系数发生改变是降低旋翼需用功率的物理机理 (Cheng et al., 2003; Cheng and Celi, 2005)。Yeo 等 (2011) 对比了具有独立桨距控制系统的黑鹰直升机风洞测试结果与 CAMARDII/OVERFLOW 耦合分析结果，表明理论分析可较准确地反映直升机的功率变化趋势。Küfamann 等 (2017) 提出了一种局部桨距控制的方法，最高可降低旋翼 7.61% 的需用功率，比常规 2 阶独立桨距控制对旋翼性能的提升效果更好。王超等 (2014) 研究了 2 阶谐波桨距控制对旋翼性能的影响，指出直升机处于高速、大载荷飞行状态时，2 阶桨距输入可改善桨盘平面迎角分布，推迟后行侧桨叶的失速，从而提升旋翼的性能。国内外针对不同输入阶次、幅值和相位的独立桨距控制对直升机性能影响的研究相对较少。

本章在已验证的直升机飞行动力学模型基础上，以 UH-60A 直升机为样例，通过在旋翼上施加独立桨距控制，给出直升机的需用功率和升阻比的变化情况，着重分析独立桨距控制的输入阶次、幅值和相位角等参数对直升机飞行性能的影响，并探讨独立桨距控制提升旋翼性能的机理。

7.2 分析模型

7.2.1 直升机飞行动力学模型

建模方法参考文献 (张勇刚等, 2016)，基于叶素理论建立旋翼模型，桨叶采用带挥舞铰外伸量的刚性梁模型；由叶素所在位置的马赫数和迎角，查翼型气动参数表得到其剖面的气动力；旋翼诱导速度的计算采用 Pitt-Peters 动态入流模型 (Peters and HaQuang, 1988)。挥舞运动影响气动力和力矩计算，根据桨叶惯性力、重力和气动力对挥舞铰的力矩平衡，更新挥舞响应，不断迭代，直至挥舞响应收敛，旋翼上的力和力矩通过叶素上的力和力矩沿展向和周向积分得到，其中，挥舞响应的计算采用韦恩·约翰逊的经验方法 (Johnson, 1994)，即

$$\begin{cases} \dot{\beta}_{n+1} = \dot{\beta}_n + \ddot{\beta}_{n+1}\Delta\psi/\Omega \\ \beta_{n+1} = \beta_n + \dot{\beta}_n\Delta\psi/\Omega + \ddot{\beta}(\Delta\psi)^2/\Omega^2 \\ \ddot{\beta}_{n+1} = f(\beta_{n+1}, \dot{\beta}_{n+1}, \psi_{n+1}) \end{cases} \tag{7.1}$$

将挥舞运动方程隐式处理，$\ddot{\beta}$ 值可通过式 (7.2) 迭代得到：

$$\ddot{\beta}_{n+1} = \ddot{\beta}_n + M_\beta/I_\beta \tag{7.2}$$

式中，β_n 为第 n 次计算挥舞角；$\dot{\beta}_n$ 为第 n 次计算挥舞角速度；$\ddot{\beta}_n$ 为第 n 次计算挥舞角加速度；ψ 为桨叶方位角；Ω 为旋翼转速；M_β 为挥舞力矩；I_β 为挥舞惯性矩。

尾桨模型中，计算出的尾桨拉力一方面可用来平衡旋翼反扭矩，另一方面还会参与直升机横向力的配平。机身受力情况复杂，计算过程中可假设其为具有特定气动力和力矩的刚体模型。

配平模型根据直升机平衡条件确定直升机稳态飞行所需的操纵量和姿态角，操纵量包含旋翼的总距、纵横向周期变距和尾桨的总距，姿态角包含机体俯仰角 θ_F 和侧倾角 ϕ_F。配平中需考虑的力和力矩主要有：直升机起飞重量 W；旋翼拉力 T_{MR}；旋翼阻力 H_{MR}；旋翼侧向力 Y_{MR}；旋翼滚转力矩 $M_{x\text{MR}}$；旋翼俯仰力矩 $M_{y\text{MR}}$；反扭矩 Q_{MR}；尾桨拉力 T_{TR} 以及机体阻力 D；机身俯仰力矩 M_{yF} 和机身滚转力矩 M_{xF}，如图 7.1 所示。可得直升机六自由度平衡方程为

$$\begin{cases} W - T_{\text{MR}} = 0 \\ D + H_{\text{MR}} - T_{\text{MR}}\theta_F = 0 \\ Y_{\text{MR}} + T_{\text{TR}} + T_{\text{MR}}\phi_F = 0 \\ M_{y\text{MR}} + M_{yF} + W(h\theta_F - x_{\text{CG}}) - hD = 0 \\ M_{x\text{MR}} + M_{xF} + W(h\phi_F - y_{\text{CG}}) + T_{\text{TR}}h_{\text{TR}} = 0 \\ Q_{\text{MR}} - T_{\text{TR}}l_{\text{TR}} = 0 \end{cases} \tag{7.3}$$

式中，以体轴系为参考坐标系，x_{CG} 和 y_{CG} 分别为直升机重心与 x 轴和 y 轴的距离；h 和 h_{TR} 分别为旋翼桨毂与直升机重心和尾桨桨毂在 z 轴方向的距离；l_{TR} 为尾桨桨毂与直升机重心在 x 轴方向的距离。

采用牛顿迭代法求解直升机的平衡方程组，直至迭代收敛，得出稳态响应时的旋翼操纵量和机体姿态角，进而计算得出旋翼需用功率和直升机升阻比，计算流程如图 7.2 所示。旋翼提供升力和拉进力，其中升力为 $T_{\text{MR}}\cos\alpha_{\text{TPP}}$，等效阻力由功率消耗计算，直升机的升阻比为 (Leishman, 2006)

$$\frac{L}{D} = \frac{T_{\text{MR}}\cos\alpha_{\text{TPP}}}{P/V_\infty} \approx \frac{WV_\infty}{P} \tag{7.4}$$

式中，α_{TPP} 为桨尖平面迎角；P 为旋翼需用功率；W 为直升机起飞重量；V_∞ 为直升机前飞速度。

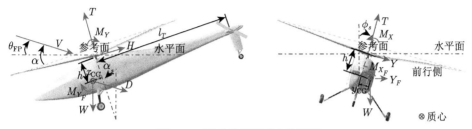

图 7.1   直升机前飞受力分析图

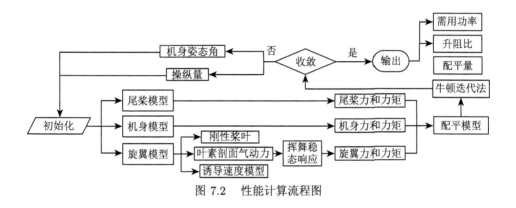

图 7.2   性能计算流程图

7.2.2   桨距变化

旋翼桨叶的桨距一般由两部分组成：旋翼的总距和纵横向周期变距，即 0 阶和 1 阶的输入。独立桨距控制的旋翼，可提供更高阶次的谐波量 θ_{IBC}，其表达式为

$$\theta = \theta_0 + \theta_{1c} \cos\psi + \theta_{1s} \sin\psi + \theta_{\mathrm{IBC}} \tag{7.5}$$

$$\theta_{\mathrm{IBC}} = A_n \cos(n\psi + \phi_n) \tag{7.6}$$

式中，θ 为旋翼的桨距；θ_0 为旋翼总距；θ_{1c} 和 θ_{1s} 分别为旋翼的横向周期变距和纵向周期变距；A_n、n 和 ϕ_n 分别为独立桨距的幅值、阶次和相位角。

7.2.3   模型验证

采用 UH-60A 直升机的飞行数据验证模型的正确性 (Yeo et al., 2004)，其旋翼和尾桨的参数如表 7.1 和表 7.2 所示 (Hilbert, 1984; Davis, 1981)。尾桨桨毂中心到旋翼轴的距离为 9.93m，旋翼桨毂至直升机重心的垂直距离为 1.78m，

图 7.3 给出了直升机起飞重量分别为 8323.3、9474.7、10627.0 和 11651.3kg(对应直升机起飞重量系数 C_W 分别为 0.0065、0.0074、0.0083 和 0.0091) 时的飞行计算数据与测试数据对比，由图 7.3 可知，本章模型计算所得的需用功率与测试值吻合，证明此模型可用于分析直升机的飞行性能。

表 7.1   旋翼参数

参数	数值
旋翼半径/m	8.18
桨叶弦长/m	0.527
旋翼转速/(rad/s)	27.0
桨叶扭转角/(°)	-18
桨叶翼型	SC1095/SC1094R8
桨叶片数	4
挥舞铰偏置量/m	0.381
单位桨叶质量/(kg/m)	13.9

表 7.2   尾桨参数

参数	数值
尾桨半径/m	1.68
尾桨弦长/m	0.247
尾桨转速/(rad/s)	124.6
桨叶扭转角/(°)	-18
桨叶翼型	SC1095
桨叶片数	4

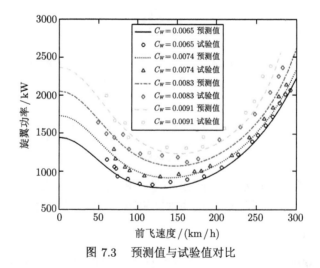

图 7.3   预测值与试验值对比

7.3 样例计算与分析

为讨论独立桨距控制对直升机飞行性能的影响，在给定输入阶次后，研究不同输入幅值和相位角时，旋翼需用功率和升阻比的变化情况，并寻求较佳输入以获得较大的旋翼性能提升。

7.3.1 2 阶独立桨距控制

输入 2 阶幅值为 $1°$ 的独立桨距，直升机起飞重量为 $10627\text{kg}(C_W=0.0083)$ 时，旋翼的需用功率及其节省百分比随前飞速度和输入相位角的变化如图 7.4 和图 7.5 所示。输入相位角为 $225°$ 时，旋翼的需用功率最多可降低 2.1%，过大或过小的相位角难以带来更多的功率节省。该相位角下，前飞速度较小时，旋翼需用功率变化不大，高速时，旋翼需用功率有较明显降低，说明 2 阶 (2P) 独立桨距控制适宜于提升直升机高速飞行时的飞行性能。

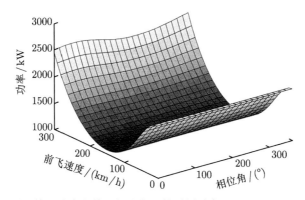

图 7.4 不同前飞速度和输入相位角下的需用功率 ($C_W=0.0083$, $H=0\text{km}$)

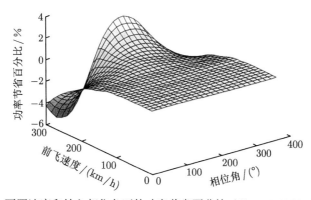

图 7.5 不同速度和输入相位角下的功率节省百分比 ($C_W=0.0083$, $H=0\text{km}$)

　　图 7.6 给出了直升机分别以 100、200、300km/h 的速度前飞时，直升机升阻比随输入相位角的变化情况，前飞速度较小 (100km/h) 时，升阻比基本没有变化；大速度前飞 (300km/h) 时，升阻比提升明显，最优相位角为 225°，与需用功率变化趋势一致。

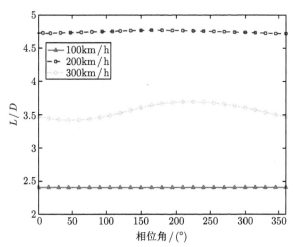

图 7.6　升阻比随输入相位角的变化 (C_W =0.0083, H=0km)

　　输入相位角为 225° 时，直升机升阻比及其提升百分比随输入幅值的变化如图 7.7 所示。中低速前飞时，随着输入幅值的增大，升阻比不升反降；高速前飞时，升阻比逐渐增大，但增大幅值较小。输入幅值为 1°、前飞速度为 300km/h 时，升阻比增大 2.1%，输入幅值过大或过小均难以增强提升效果。

　　直升机的起飞重量增加至 11651.3kg(C_W=0.0091) 时，旋翼需用功率节省百分比随前飞速度和相位角的变化如图 7.8 所示，需用功率变化趋势与起飞重量为 10627kg(C_W =0.0083) 时相似，高速时，增重后的旋翼需用功率的降低幅度更大，输入相位角为 230° 时，旋翼需用功率最多可降低 4.1%。

　　输入相位角为 230° 时，升阻比及其提升百分比如图 7.9 所示，中低速时，增加独立桨距输入反而减小了直升机的升阻比，且随着输入幅值的增加，降低幅度也增加；高速时，直升机的升阻比有了明显的增加，与需用功率变化趋势一致。前飞速度为 300km/h 时，1° 和 1.5° 的独立桨距输入分别增大了直升机 4.2% 和 4.1% 的升阻比，0.5° 和 2° 的桨距输入则提升较少，分别为 2.9% 和 2.8%，相比起飞重量为 10627kg(C_W =0.0083) 时的最大提升百分比 2.1%，升阻比增加明显，说明起飞重量较大时，2 阶独立桨距控制对直升机性能提升效果更好。

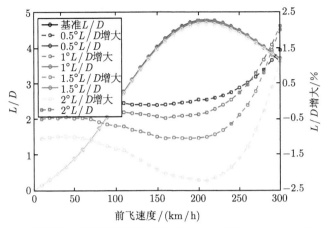

图 7.7　不同输入幅值下升阻比和升阻比提升情况 (C_W =0.0083, 2P)

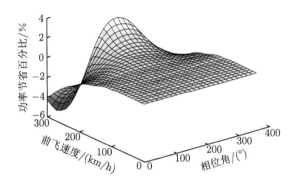

图 7.8　不同速度和输入相位角下的功率节省百分比 (C_W =0.0091, H=0km)

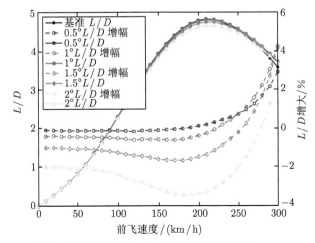

图 7.9　不同输入幅值下升阻比和升阻比提升情况 (C_W =0.0091, 2P)

7.3.2　3 阶独立桨距控制

直升机起飞重量为 11651.3kg(C_W =0.0091)，输入阶次改为 3 阶，输入幅值为 1° 时，需用功率及其节省百分比随相位角和前飞速度的变化如图 7.10 和图 7.11 所示。输入相位角为 195° 时，旋翼需用功率降低最多，可达 0.5%，相位角继续增大或减小均不利于提升旋翼的性能。最优相位角下，高速时，旋翼的需用功率可降低，降低幅度小于 2 阶独立桨距输入。

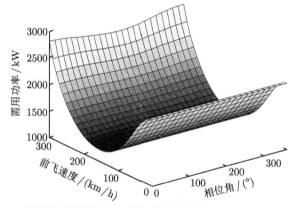

图 7.10　不同前飞速度和输入相位角下的需用功率 (C_W =0.0091, 3P)

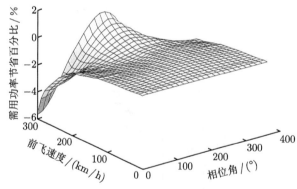

图 7.11　不同速度和输入相位角下的功率节省百分比 (C_W =0.0091, 3P)

图 7.12 给出了直升机起飞重量为 11651.3kg(C_W =0.0091)，不同输入幅值时，升阻比及其提升百分比随前飞速度变化情况。输入幅值为 1.5° 和 2° 时，升阻比在计算速度范围内没有增加，且在 210km/h 左右时下降较多，0.5° 和 1° 的桨距输入在中低速时同样会使升阻比减小，高速时，升阻比略有增加，但增加幅值很小，不到 1%，说明 3 阶的独立桨距控制提升旋翼性能的效果有限。

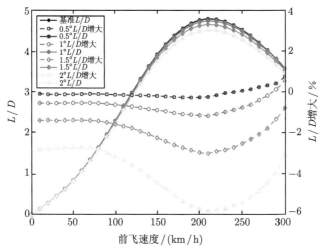

图 7.12　不同输入幅值下升阻比和升阻比提升情况 (C_W =0.0091, 3P)

7.3.3　4 阶独立桨距控制

直升机起飞重量为 11651.3kg(C_W =0.0091)，图 7.13 给出了 4 阶幅值为 1°的独立桨距输入时，需用功率随前飞速度和输入相位角的变化情况，输入相位为 160° 时，旋翼需用功率降低最多。不同输入幅值时，需用功率节省百分比如图 7.14 所示，与 2 阶和 3 阶的桨距输入相比，4 阶桨距输入并不能降低旋翼的需用功率，反而在所研究的速度范围内有所增加，说明 4 阶的独立桨距控制不适合用来提升旋翼的性能。

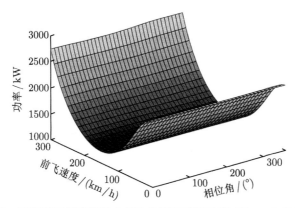

图 7.13　不同前飞速度和输入相位角下的需用功率 (C_W =0.0091, 4P)

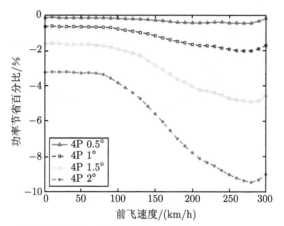

图 7.14　不同输入幅值下的功率节省百分比 (C_W =0.0091, H=0km)

7.3.4　2 阶 +3 阶独立桨距控制

前述分析结果表明，2 阶和 3 阶的桨距输入均可在一定程度上提升旋翼的性能，输入幅值为 0.5° 和 1° 时，提升效果相对较好。考虑同时施加 2 阶和 3 阶的独立桨距控制，其提供的高阶谐波量 θ_{IBC} 为

$$\theta_{\mathrm{IBC}} = A_2 \cos(2\psi + \phi_2) + A_3 \cos(3\psi + \phi_3) \tag{7.7}$$

式中，A_2、ϕ_2 和 A_3、ϕ_3 分别为 2 阶和 3 阶独立桨距的幅值和输入相位角。

直升机起飞重量为 11651.3kg(C_W =0.0091)，图 7.15 和图 7.16 给出了同时输入 2 阶和 3 阶的独立桨距时，旋翼需用功率及其节省百分比的变化曲线，输入相位分别为 230° 和 195°。中低速时，独立桨距控制带来的需用功率变化较小，总体上呈增大趋势；高速时，独立桨距控制可带来旋翼需用功率的节省，相比单独

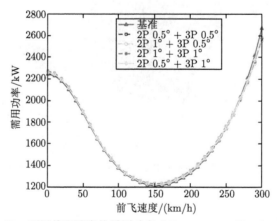

图 7.15　不同前飞速度的需用功率 (C_W=0.0091, H=0km, 3P)

输入 2 阶或 3 阶的独立桨距，需用功率下降程度更大；前飞速度为 300km/h 时，2 阶幅值为 1° 耦合 3 阶幅值为 0.5° 的独立桨距输入降低了旋翼 4.5% 的需用功率，其余 3 种情况 (2P 0.5°+3P 0.5°、2P 1°+3P 1°、2P 0.5°+3P 1°) 分别降低了 3.3%、3.7% 和 2.8% 的需用功率。说明 2 阶耦合 3 阶的独立桨距控制对旋翼性能的提升效果更佳。

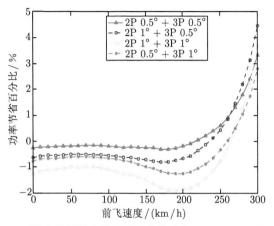

图 7.16 不同速度下功率节省百分比 ($C_W =0.0091$, H=0km)

不同输入幅值时的直升机升阻比变化曲线如图 7.17 所示，2 阶耦合 3 阶的桨距输入明显进一步提升了直升机的升阻比。中低速时，独立桨距输入仍不利于提升升阻比，高速时，直升机升阻比有较明显的提升，提升效果比单独施加 2 阶或 3 阶独立桨距更好。前飞速度为 300km/h 时，2 阶幅值为 1° 和 3 阶幅值为 0.5° 的桨距输入分别可使直升机的升阻比提升 4.2% 和 0.7%，二者同时输入则可提升 4.7%。

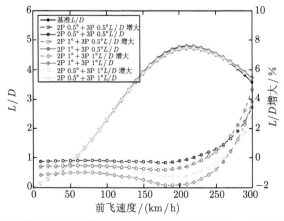

图 7.17 不同输入幅值下升阻比和升阻比提升情况 ($C_W =0.0091$, 2P+3P)

另外，同时输入 2 阶和 3 阶的独立桨距，对直升机的性能提升效果比单独输入 3 阶独立桨距的效果好很多，相比单独输入 2 阶桨距的效果则提升有限，证明输入 2 阶耦合 3 阶的独立桨距，对旋翼性能提升起主要作用的是 2 阶独立桨距控制。

7.4 旋翼性能提升机理探讨

直升机的起飞重量为 11651.3kg(C_W =0.0091)，2 阶独立桨距输入幅值为 1°，3 阶独立桨距输入幅值为 0.5°，前飞速度为 300km/h。直升机处于高速飞行状态时，后行侧桨叶易出现失速，导致旋翼的需用功率显著增加，不利于提升直升机的性能，通过独立桨距控制可改善桨盘平面迎角分布情况，一定程度上缓解此问题。如图 7.18 所示，基准桨叶剖面迎角最大值在 12° 左右，接近阻力发散对应迎

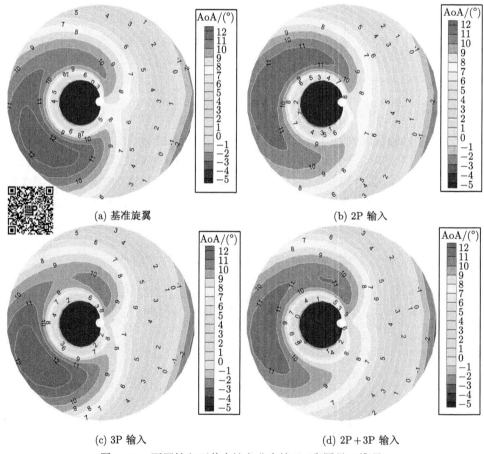

图 7.18   不同输入下桨盘迎角分布情况 (彩图见二维码)

角。施加 2 阶独立桨距控制后，旋翼前行侧桨叶迎角变化不大，后行侧桨叶迎角有了较明显的减小，部分区域靠近桨尖处的迎角减小了约 1°，这有助于推迟后行侧桨叶的失速，但由于迎角减小程度较小，提升旋翼性能的效果也较有限。3 阶的独立桨距输入对于旋翼桨叶剖面迎角改变不大，小于 2 阶独立桨距输入对后行侧桨叶迎角的影响，只有部分区域略微减小，因而对旋翼性能的提升效果也很小。同时施加 2 阶和 3 阶的独立桨距控制，后行侧桨叶迎角明显变化，剖面迎角最大值降至 11° 左右，相比单独输入 2 阶或 3 阶独立桨距的效果要好，可更有效缓解失速问题，对旋翼性能的提升效果也更佳。

图 7.19 给出了无独立桨距控制和分别增加 2 阶、3 阶独立桨距输入时，旋翼桨盘平面阻力系数的分布，图 7.19(d) 为 2 阶幅值为 1° 耦合 3 阶幅值为 0.5° 的独

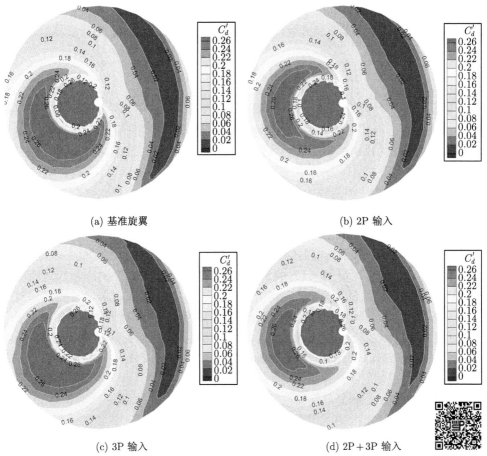

(a) 基准旋翼   (b) 2P 输入

(c) 3P 输入   (d) 2P+3P 输入

图 7.19 不同输入下桨盘阻力系数分布情况 (彩图见二维码)

立桨距输入时桨盘平面阻力系数的分布情况。阻力系数定义为 (Anderson, 2001)

$$C'_d = \frac{d}{\dfrac{1}{2}\rho U_B^2 c} \tag{7.8}$$

式中，d 为叶素阻力；ρ 为空气密度；U_B 为流向叶素的相对气流合速度；c 为桨叶弦长。

由图 7.19 可知，2 阶的独立桨距控制较明显地降低了桨叶的阻力系数，前行侧部分区域阻力系数略有减小，后行侧靠近桨尖区域的阻力系数变化明显，有助于降低旋翼的需用功率。3 阶的独立桨距控制对阻力系数分布的影响不如 2 阶的桨距输入，与基准旋翼相比变化较小，因而对旋翼性能的提升也较有限。2 阶耦合 3 阶的独立桨距控制进一步减小了桨叶阻力系数，尤其是后行侧桨叶，且效果比单独的 2 阶或 3 阶桨距输入效果更好，因而对旋翼性能的提升效果也更佳。

7.5　本 章 小 结

在已验证了的直升机性能分析模型基础上，通过输入不同阶次、幅值和相位角的独立桨距，分析了直升机需用功率和升阻比等参数的变化，研究了独立桨距控制对旋翼性能的影响，并探讨了相关影响机理，得出如下结论。

(1) 独立桨距控制在高速状态下可降低旋翼的需用功率、提升直升机的升阻比，且在直升机起飞重量较大时，提升效果更明显，2 阶的独立桨距控制，分别可使起飞重量为 10627kg(C_W =0.0083) 和 11651.3kg(C_W =0.0091) 的直升机升阻比最多提升 2.1% 和 4.2%；中低速时，不利于提升旋翼的性能。

(2) 2 阶的独立桨距控制对旋翼性能提升效果相对较好，输入相位角为 225°、幅值为 1° 时，最多可降低 4.1% 的旋翼需用功率；3 阶的独立桨距输入对旋翼性能提升有限，输入相位角为 195°、幅值为 0.5° 时，在高速时最多可使需用功率下降 0.7%，变化幅值较小；4 阶的独立桨距输入不利于提升旋翼的性能。

(3) 2 阶耦合 3 阶的独立桨距控制，对直升机飞行性能提升效果最佳，最多可使旋翼的需用功率降低 4.5%，比单独输入 2 阶或 3 阶桨距提升效果更好，其中 2 阶独立桨距控制起主导作用。

(4) 独立桨距控制提升旋翼性能的机理在于其可改善旋翼桨盘内的迎角分布，减小后行侧桨叶的剖面迎角和阻力系数，有效延迟失速，减小旋翼的需用功率，从而提升直升机的飞行性能。

第 8 章　旋翼变体技术对直升机性能提升的
对比研究

自适应旋翼构型众多，遴选更适宜于提升旋翼性能的构型对自适应旋翼技术发展意义重大。本章从理论和分析两方面入手，对比多种构型自适应旋翼性能。通过构建评估函数，从理论上证明效果提升的优劣，然后通过构建的分析模型对比多种自适应旋翼性能的提升效果，进而寻找较优的自适应旋翼构型。

8.1　旋翼变体技术

直升机由于其具有独特的垂直起降及良好的低速和机动特性，在军用和民用方面用途广泛。如何提升直升机航时、航程、速度和升限等性能指标一直是直升机界的一个难题。许多早期的想法受限制于当时的科学技术水平而没有实现，随着科学技术的不断进步，许多想法逐渐成为现实。例如，倾转旋翼机就是其中一个较好的例子。由于倾转旋翼机需兼顾良好的前飞性能，牺牲了部分悬停性能。因此，如何保持直升机固有的良好悬停及小速度性能，同时又能兼顾直升机的其他性能指标，一直是直升机领域研究的热点问题之一。

旋翼变体技术根据直升机的飞行状态的变化，如重量、速度和高度等，改变旋翼桨叶负扭、弦长、旋翼直径和旋翼转速等参数，以提升直升机的性能。从 20 世纪 60 年代末开始，研究人员开始将旋翼变直径技术应用于倾转旋翼机上，以兼顾其前飞和悬停性能 (Segel and Fradenburgh, 1969; Sott, 1991; Fradenburgh and Matuska, 1992; Davis et al., 1995; Prabhakar et al., 2007)。Prabhakar 等 (2007) 提出了利用旋翼离心力驱动弹性元件以增加旋翼直径的方法。Mistry 和 Gandhi(2010) 研究了旋翼变转速和变直径对直升机性能的提升作用，研究表明同时采用变转速和变直径的方式提升直升机性能比采用单一方式好。旋翼变转速技术已经在多个旋翼飞行器上采用，如 XV-15、V-22、A160、X2 和 NASA 研究的下一代重型运输旋翼飞行器上 (Karem, 1999; Karem, 2003; Johnson and Yamauchi, 2005; Germanowski et al., 2010; DiOttavio and Friedmann, 2010; Blackwell and Millott, 2008; Bagai, 2008)。多位学者的研究表明旋翼通过降低旋翼转速可以明显降低直升机需用功率，是一种非常有效的提升直升机性能的旋翼变体技术 (Prouty, 2004; Steiner et al., 2008)。改变旋翼桨叶弦长以提升直升机性能也是近些年提出的概念，通过改变旋翼桨叶弦长的办法可用于提升直升机性能，研究表明此方法可以提升直升机最大速度、高度和起飞重量等性能指标 (Léon et al., 2009; Khoshlahjeh et al., 2011)。加大旋翼桨叶负扭可提升直升机悬停性能，但又会降低直升机前飞性能，为兼顾悬停和前飞性能，研究人员开展了旋翼桨叶主动负扭技术研究 (Wilbur et al., 2002; Riemenschneider and Opitz, 2011)，研究主要集中在使桨叶能产生足够的扭转角以尽量提升直升机性能。Kang 等 (2010) 对比研究了几种旋翼变体技术对直升机性能的影响，研究表明旋翼变体技术可明显提升直升机性能，当然不同方式提升的幅度不尽相同。国内对直升机旋翼变体技术的研究较少。

旋翼变体技术较多，尽量大地提升直升机性能的同时需减少自身参数的变化范围，这样有利于旋翼变体技术的实现。因而，如何选择较好的方式以较大地提升直升机性能是本章研究的重点。为研究旋翼变体技术对直升机性能的提升作用，本章将旋翼动力学综合模型与机体模型相耦合，以求得稳态飞行时的直升机需用功率，重点对比旋翼直径、旋翼转速、桨叶弦长和桨叶负扭变化对直升机需用功率的影响，进而分析各旋翼变体技术对直升机性能的提升程度，寻找较优的旋翼变体技术，从而为选择合适的旋翼变体技术，提升直升机性能打下坚实的理论基础。

8.2 理 论 模 型

8.2.1 理论评估函数

通常稳态前飞直升机的需用功率主要由四部分组成：旋翼诱导功率、旋翼型阻功率、整机废阻功率和尾桨功率。一般情况下，将直升机需用功率表示为无量纲形式，即

$$C_P = C_{P_i} + C_{P_0} + C_{P_p} + C_{P_{\mathrm{TR}}} \tag{8.1}$$

式中

$$C_{P_i} = \frac{\kappa C_T^2}{2\sqrt{\lambda^2 + \mu^2}} \tag{8.2}$$

$$C_{P_0} = \frac{\sigma C_{d_0}}{8}\left(1 + K\mu^2\right) \tag{8.3}$$

$$C_{P_p} = \frac{1}{2}\left(\frac{f}{A}\right)\mu^3 \tag{8.4}$$

其中，C_P 为直升机需用功率系数；C_{P_i} 为旋翼诱导功率系数；C_{P_0} 为旋翼型阻功率系数；C_{P_p} 为整机废阻功率系数；$C_{P_{\mathrm{TR}}}$ 为尾桨功率系数；κ 为诱导功率因子；

C_T 为旋翼拉力系数；λ 为旋翼入流比；μ 为旋翼前进比；σ 为旋翼实度；C_{d_0} 为零升阻力系数；K 为旋翼型阻功率因子；f 为机体等效阻力面积；A 为旋翼桨盘面积。

为了更明确各参数对直升机需用功率的影响，将直升机需用功率以有量纲形式表达，即

$$P = \frac{\kappa T^2}{2\rho\pi R^2\sqrt{v_i^2 + V^2}} + \frac{\rho N_b c C_{d_0}}{8}\left(\Omega^3 R^4 + KV^2\Omega R^2\right) + \frac{1}{2}\rho f V^3 + P_{\mathrm{TR}} \quad (8.5)$$

式中，T 为旋翼拉力；ρ 为空气密度；R 为旋翼半径；v_i 为旋翼诱导速度；V 为前飞速度；N_b 为桨叶片数；c 为桨叶弦长；Ω 为旋翼转速；P_{TR} 为尾桨功率。很明显，对直升机需用功率影响最为明显的是旋翼半径和旋翼转速，也就是说，这两个参数的变化对直升机需用功率的影响应该是最明显的。由于旋翼变体技术并不会影响机体的废阻功率 (Kang et al., 2010)，旋翼变体技术所带来的功率变化主要关注旋翼型阻功率和诱导功率，对于足够高速度前飞的旋翼 (前进比$\mu>0.1$)，两功率之和为 (Leishman, 2006)

$$P_R = \frac{\kappa T^2}{2\rho\pi R^2 V} + \frac{\rho N_b c C_{d_0}}{8}\left(\Omega^3 R^4 + KV^2\Omega R^2\right) \quad (8.6)$$

由式 (8.6) 可知，对旋翼性能影响比较明显的参数是旋翼半径 R、旋翼转速 Ω、桨叶弦长 c 和翼型零升阻力系数 C_{d_0}。

由单个旋翼参数带来的旋翼功率的变化可表示为

$$\Delta P_R = \frac{\partial P_R}{\partial x_i}\Delta x_i \quad (8.7)$$

式中，x_i 表示旋翼某变体参数。由旋翼参数的相对变化 $(\Delta x_i/x_i)$ 带来的功率的相对变化 $(\Delta P_R/P_R)$ 为

$$\frac{\Delta P_R}{P_R} = \frac{\partial P_R}{\partial x_i}\Delta x_i/P_R = \left(\frac{x_i}{P_R}\frac{\partial P_R}{\partial x_i}\right)\frac{\Delta x_i}{x_i} = E_{x_i}\frac{\Delta x_i}{x_i} \quad (8.8)$$

式中

$$E_{x_i} = \frac{x_i}{P_R}\frac{\partial P_R}{\partial x_i} \quad (8.9)$$

其中，系数 E_{x_i} 用于度量功率的变化率。为了比较两种旋翼变体技术所带来的功率节省的多少，假定该两变体技术对应的参数相对变化相同，即有

$$\frac{\Delta x_i}{x_i} = \frac{\Delta x_j}{x_j} \quad (8.10)$$

假如参数 x_i 对应的旋翼变体技术所带来的功率节省多于参数 x_j 所对应的变体技术，那么两参数对应的功率变化率存在如下关系：

$$E_{x_i, x_j} = \frac{x_i}{P_R} \frac{\partial P_R}{\partial x_i} - \frac{x_j}{P_R} \frac{\partial P_R}{\partial x_j} \geqslant 0 \tag{8.11}$$

该函数定义为功率节省评估函数，如为正，说明 x_i 对应的旋翼变体技术在旋翼性能提升方面优于 x_j 对应旋翼变体技术，如为负，则反之。

8.2.2　变体技术对比

1. 旋翼变直径与旋翼变转速

假定旋翼变直径技术所能取得功率节省高于旋翼变转速技术，那么存在如下不等式：

$$E_{R, \Omega} = \frac{1}{P_R} \left(\frac{\rho N_b c C_{d_0}}{8} \left(\Omega^3 R^4 + K V^2 \Omega R^2 \right) - \frac{\kappa T^2}{\rho \pi R^2 V} \right) \geqslant 0 \tag{8.12}$$

式 (8.12) 可表示为

$$\frac{\sigma C_{d_0}}{8} \left(1 + K \mu^2 \right) \geqslant \kappa \frac{C_T^2}{\mu} \tag{8.13}$$

即

$$C_{P_0} \geqslant 2 C_{P_i} \tag{8.14}$$

式 (8.14) 表明，假如旋翼型阻功率大于旋翼诱导功率的 2 倍，旋翼变直径技术所取得性能提升优于旋翼变转速技术。由于低速时，旋翼诱导功率占主导，旋翼型阻功率如要大于 2 倍诱导功率，那么其对应的飞行速度将会比较大，即说明，旋翼变直径技术适宜于较为高速飞行状态，而旋翼变转速技术适宜于中低速飞行状态。

如采用表 8.1 所示旋翼参数，旋翼变直径技术能获得更佳性能提升所对应的临界前进比 $\mu \geqslant 0.3228$。如拉力系数变为 0.0061，那么对应的前进比为 $\mu \geqslant 0.1864$，该值与文献 (Kang et al., 2010) 中的值几乎相同，但所得结论却不同。因此，需要注意，在应用旋翼变体技术时，选择何种旋翼变体技术更佳不仅与其技术本身相关，而且与直升机的飞行状态相关。

表 8.1　旋翼参数

参数	数值
拉力系数	0.0061
实度	0.0821
零升阻力系数	0.0087
型阻功率因子	4.65
诱导功率因子	1.15

2. 旋翼变转速与桨叶变弦长

旋翼变转速与桨叶变弦长对应评价函数为

$$E_{\Omega,c} = \frac{\rho N_{\mathrm{b}} c C_{d_0} \Omega^3 R^4}{4 P_R} > 0 \tag{8.15}$$

很明显，旋翼变转速技术在旋翼性能提升方面优于桨叶变弦长技术。

3. 桨叶变弦长与翼型变体

对于具有相同相对弦长和翼型阻力系数变化的旋翼变体技术，评估函数为

$$E_{c,C_{d_0}} = 0 \tag{8.16}$$

很明显，桨叶变弦长技术与翼型变体所能达到的性能提升是等价的。本质上来看，改变桨叶弦长，也是改变桨叶翼型的气动特性，是翼型变体技术的一种，因此，桨叶变弦长与翼型变体所能获得的功率节省是等效的。

4. 桨叶变扭转

由式 (8.6) 可知，桨叶扭转角并未显式地包含在旋翼需用功率表达式中，说明桨叶扭转角的变化对旋翼需用功率的影响有限。

8.3 分 析 模 型

直升机需用功率计算模型主要包括两部分：旋翼模型和机体模型。旋翼模型又包括桨叶结构模型、桨叶运动学模型、桨叶气动模型和旋翼诱导速度模型等。

由中等变形梁模型 (Johnson, 1998)，旋翼桨叶应变能的变分为

$$\delta U = \sum_{i=1}^{n} Q_i^E \delta q_i = \int_l \left(F_x \delta u'_e + M_x \delta \kappa_x + M_y \delta \kappa_y + M_z \delta \kappa_z \right) \mathrm{d}l \tag{8.17}$$

式中，u_e、κ_x、κ_y 和 κ_z 为轴向弹性位移及桨叶剖面绕三坐标轴方向曲率；Q 为广义自由度 q 所对应的广义力；上标 E 代表应变能。桨叶剖面载荷按如下关系计算：

$$\begin{bmatrix} F_x \\ M_x \\ M_y \\ M_z \end{bmatrix} = \begin{bmatrix} S_{uu} & S_{u\phi} & S_{uw} & S_{uv} \\ S_{\phi u} & S_{\phi\phi} & S_{\phi w} & S_{\phi v} \\ S_{wu} & S_{w\phi} & S_{ww} & S_{wv} \\ S_{vu} & S_{v\phi} & S_{vw} & S_{vv} \end{bmatrix} \begin{bmatrix} u'_e \\ \kappa_x \\ \kappa_y \\ \kappa_z \end{bmatrix} \tag{8.18}$$

式中，应变、曲率和剖面刚度表达式参见文献 (Johnson, 1998)。

根据桨叶变形前后关系，桨轴上任意点变形后位置矢量 $\boldsymbol{R}_0$ 与变形前坐标 $\begin{bmatrix} x & \eta & \varsigma \end{bmatrix}^{\mathrm{T}}$ 有如下关系：

$$\begin{bmatrix} \boldsymbol{R}_0 \\ 1 \end{bmatrix} = \boldsymbol{T}_0 \boldsymbol{r}_0 \begin{bmatrix} & & & x+u \\ & \boldsymbol{C} & & v \\ & & & w \\ 0 & 0 & 0 & 1 \end{bmatrix} \begin{bmatrix} 0 \\ \eta \\ \varsigma \\ 1 \end{bmatrix} \tag{8.19}$$

式中，$\boldsymbol{C}$ 表示桨叶变形后坐标系到变形前坐标系转换矩阵；u、v 和 w 分别为该点三方向位移。由于直升机动力学研究中涉及多个转动及平动坐标系之间转换，本章按如下方式统一处理坐标系间转换关系。任意矢量 $\boldsymbol{r}$ 绕矢量 $\boldsymbol{v}$ 旋转角度 θ 并平动 $\boldsymbol{d}$ 后，如图 8.1 所示，变为矢量 $\boldsymbol{R}$：

$$\boldsymbol{R} = \boldsymbol{d} + \boldsymbol{A}\boldsymbol{r} \tag{8.20}$$

引入 4×4 转换矩阵 $\boldsymbol{T}_{4\times4}$，上述表达式可表示为

$$\begin{bmatrix} \boldsymbol{R} \\ 1 \end{bmatrix} = \boldsymbol{T}_{4\times4} \begin{bmatrix} \boldsymbol{r} \\ 1 \end{bmatrix} = \begin{bmatrix} \boldsymbol{A} & \boldsymbol{d} \\ \boldsymbol{0}_{3\times1}^{\mathrm{T}} & 1 \end{bmatrix} \begin{bmatrix} \boldsymbol{r} \\ 1 \end{bmatrix} \tag{8.21}$$

式中，矢量 $\boldsymbol{v}$ 和转换矩阵 $\boldsymbol{A}$ 可表示为

$$\boldsymbol{v} = \begin{bmatrix} v_1 \\ v_2 \\ v_3 \end{bmatrix} \tag{8.22}$$

$$\boldsymbol{A} = \boldsymbol{I} + \tilde{\boldsymbol{v}}\sin\theta + \tilde{\boldsymbol{v}}^2(1-\cos\theta) \tag{8.23}$$

其中，$\tilde{\boldsymbol{v}}$ 为

$$\tilde{\boldsymbol{v}} = \begin{bmatrix} 0 & -v_3 & v_2 \\ v_3 & 0 & -v_1 \\ -v_2 & v_1 & 0 \end{bmatrix} \tag{8.24}$$

如涉及多个坐标转换可进行多次上述坐标转换，最终可得桨轴上任意点的位置矢量 $\boldsymbol{R}$ 在惯性坐标系中的表达式。如果桨叶绕桨轴、绕挥舞铰、摆振铰和变距铰转换矩阵依次为 $\boldsymbol{T}_s$、$\boldsymbol{T}_f$、$\boldsymbol{T}_l$ 和 $\boldsymbol{T}_t$，那么桨轴上任意点按上述坐标变换后的坐标可表示为

$$\begin{bmatrix} \boldsymbol{R} \\ 1 \end{bmatrix} = \boldsymbol{T}_s\boldsymbol{T}_f\boldsymbol{T}_l\boldsymbol{T}_t\boldsymbol{T}_0 \begin{bmatrix} \boldsymbol{r}_0 \\ 1 \end{bmatrix} \tag{8.25}$$

由桨轴上任意点的坐标表达式 $\boldsymbol{R}$ 及桨叶动能变分 (Zheng et al., 1999)，可得桨叶动能变分为

$$\delta T = \sum_{i=1}^{n} Q_i^{\mathrm{T}} \delta q_i = \sum_{i=1}^{n} \int_l \iint_A -\rho \ddot{\boldsymbol{R}} \cdot \frac{\partial \boldsymbol{R}}{\partial q_i} \mathrm{d}A \mathrm{d}l \delta q_i \tag{8.26}$$

式中，A 为桨叶剖面面积；l 为桨叶长度。动能产生的广义力和切线质量、阻尼和刚度阵为

$$M_{ij}^{\mathrm{T}} = \frac{\partial Q_i^{\mathrm{T}}}{\partial \ddot{q}_j} = -\int_l \iint_A \rho \frac{\partial \boldsymbol{R}}{\partial q_j} \cdot \frac{\partial \boldsymbol{R}}{\partial q_i} \mathrm{d}A \mathrm{d}l \tag{8.27}$$

$$C_{ij}^{\mathrm{T}} = \frac{\partial Q_i^{\mathrm{T}}}{\partial \dot{q}_j} = -\int_l \iint_A \rho \frac{\partial \dot{\boldsymbol{R}}}{\partial q_j} \cdot \frac{\partial \boldsymbol{R}}{\partial q_i} \mathrm{d}A \mathrm{d}l \tag{8.28}$$

$$K_{ij}^{\mathrm{T}} = \frac{\partial Q_i^{\mathrm{T}}}{\partial \ddot{q}_j} = -\int_l \iint_A \rho \left(\frac{\partial \boldsymbol{R}}{\partial q_j} \cdot \frac{\partial \boldsymbol{R}}{\partial q_i} + \ddot{\boldsymbol{R}} \frac{\partial^2 \boldsymbol{R}}{\partial q_i \partial q_j} \right) \mathrm{d}A \mathrm{d}l \tag{8.29}$$

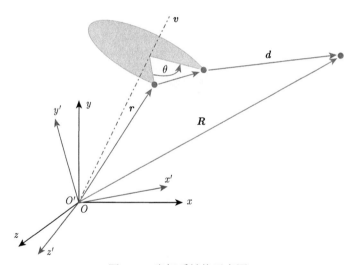

图 8.1　坐标系转换示意图

由桨轴上任意点的位置矢量可得到该点在惯性坐标系下的速度，根据旋翼来流可得该点相对当地气流的速度三分量以及当地马赫数和桨叶剖面迎角，由剖面迎角及当地马赫数查表可得翼型剖面气动力和力矩系数，进而由非线性准定常气动模型得到气动力做功的变分：

$$\delta W = \sum_{i=1}^{n} Q_i^A \delta q_i = \int_l \left(\boldsymbol{F}_A \cdot \frac{\partial \boldsymbol{R}}{\partial q_i} + \boldsymbol{M}_A \cdot \frac{\partial \boldsymbol{\alpha}_s}{\partial q_i} \right) \mathrm{d}l \tag{8.30}$$

式中，Q_i^A 为气动引起的广义力；$\boldsymbol{F}_A$ 为气动力矢量；$\boldsymbol{M}_A$ 为气动力矩矢量；$\boldsymbol{\alpha}_s$ 为翼型剖面转角矢量，均定义在惯性坐标系中。为描述旋翼诱导速度随前飞速度变化，旋翼入流采用 Drees 入流模型。

据 Hamilton 原理，考虑旋翼结构、运动、气动和控制等方面的强非线性影响，建立基于广义力形式的动力学非线性方程：

$$Q_i^E(\boldsymbol{q}) + Q_i^T(\boldsymbol{q}, \dot{\boldsymbol{q}}, \ddot{\boldsymbol{q}}) + Q_i^A(\boldsymbol{q}, \dot{\boldsymbol{q}}, t) = 0, \quad i = 1, \cdots, n \tag{8.31}$$

该建模方法及其验证参见文献 (Han and Smith, 2009; Han et al., 2012)。

机体模型主要考虑机体所受到的气动阻力，以体现前飞时对废阻功率和配平的影响。前飞时直升机受力如图 8.2 所示。由旋翼模型计算出旋翼桨毂力和力矩，再将桨毂力和力矩代入直升机整机的平衡方程：

$$C_T - C_W = 0 \tag{8.32}$$

$$C_D + C_H - C_T\alpha_s = 0 \tag{8.33}$$

$$C_Y + C_{Y_F} + C_T\phi_s = 0 \tag{8.34}$$

$$C_{M_Y} + C_{M_{Y_F}} + C_W\left(\bar{h}\alpha_s - \bar{x}_{\mathrm{CG}}\right) - \bar{h}C_D = 0 \tag{8.35}$$

$$C_{M_X} + C_{M_{X_F}} + C_W\left(\bar{h}\phi_s - \bar{y}_{\mathrm{CG}}\right) + \bar{h}C_{Y_F} = 0 \tag{8.36}$$

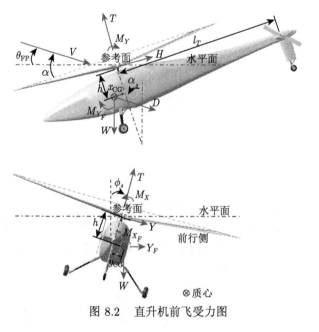

图 8.2　直升机前飞受力图

式中，C_T 为旋翼拉力系数；C_W 为起飞重量系数；C_D 为机体阻力系数；C_H 为旋翼阻力系数；α_s 为桨轴纵向倾斜角，机身低头为正；C_Y 为旋翼侧向力系数，向右为正；C_{Y_F} 为机身侧向力系数，包含尾桨侧向力；ϕ_s 为桨轴横向倾斜角，右倾为正；C_{M_Y} 为旋翼俯仰力矩系数；$C_{M_{Y_F}}$ 为机身俯仰力矩系数；C_{M_X} 为旋翼滚转力矩系数；$C_{M_{X_F}}$ 为机身滚转力矩系数；$\bar{h}$ 为桨毂中心到直升机重心垂向距离与旋翼半径的比值；$\bar{x}_{CG}$ 和 $\bar{y}_{CG}$ 为直升机重心分别到旋翼轴线纵向和横向的距离与旋翼半径的比值，如图 8.2 所示。由整机平衡方程可求解出机身姿态角和旋翼操纵量，将这些量再回代到旋翼计算模型中，这样不断地迭代直至收敛，就可得到各个状态量，从而得到旋翼的需用功率。尾桨拉力将会自动平衡旋翼的反扭矩。

8.4　需用功率对比

8.4.1　样例直升机参数

为有效地研究旋翼变体技术对直升机性能的提升作用，本章采用的样例直升机以 A160 长航时无人直升机为参考，表 8.2 列出了样例直升机的参数。在本章计算中，假定机身只受气动阻力的影响，不考虑机身其他力和力矩影响。机身气动阻力系数取为较小值 0.004。

表 8.2　样例直升机参数

参数	数值
直升机起飞重量	2000kg
旋翼转速	350r/min
基本旋翼半径	5.5m
桨叶片数	4
翼型	NACA0012
桨叶负扭	$-12°$
桨叶弦长	0.35m
桨叶重量	23.1kg
桨叶挥舞刚度	$2.1\times10^5\text{N·m}^2$
桨叶摆振刚度	$7.1\times10^6\text{N·m}^2$
桨叶扭转刚度	$3.5\times10^5\text{N·m}^2$

当直升机的起飞重量、旋翼几何参数及旋翼转速给定时，在一定高度上，直升机需用功率主要由旋翼诱导功率、旋翼型阻功率和整机废阻功率组成，当然还包括尾桨需用功率和传动损失等。本章主要对比飞行过程中直升机的需用功率，包括旋翼诱导功率、旋翼型阻功率和整机废阻功率三部分。

8.4.2　功率分析

图 8.3 给出了样例直升机在飞行高度 0km、起飞重量 2000kg、不同旋翼直径

(100％、90％和 80％) 时, 需用功率随前飞速度的变化。整个需用功率曲线呈 "马鞍形", 在保证直升机稳定飞行的情况下, 悬停和低速时, 旋翼直径越大, 需用功率越小, 随着前飞速度的增加, 旋翼直径越大, 反而需用功率越大。旋翼直径降到 80％, 在 200km/h 时, 无法配平。速度为 250km/h 时, 旋翼直径减少 10％, 旋翼需用功率降低 22.8％。旋翼直径对旋翼诱导功率和型阻功率有影响, 对直升机废阻功率没有影响。旋翼直径增加, 桨盘载荷降低, 旋翼诱导速度减小, 旋翼型阻功率增加, 悬停及小速度时, 诱导功率占主导, 随速度增大, 诱导速度减小, 型阻功率增大。因而, 悬停时较大旋翼直径较为有利, 随着前飞速度增加, 效果越来越弱, 高速飞行时, 较小旋翼直径可明显降低直升机需用功率。旋翼直径减小, 桨尖速度降低, 有利于提高直升机最大前飞速度。由旋翼拉力系数表达式:

$$C_T = \frac{T}{\rho \pi R^2 (\Omega R)^2} \tag{8.37}$$

旋翼直径减小 20％, 旋翼拉力系数将增加 107.4％, 很明显, 减小旋翼直径可明显降低旋翼的承载能力, 将对高速时最大飞行速度有所限制。综上可知, 改变旋翼直径是一种较为有效地提升直升机大速度飞行时性能的方式。

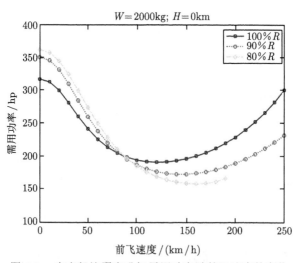

图 8.3　变直径旋翼直升机需用功率随前飞速度的变化

图 8.4 给出了样例直升机在飞行高度 0km、起飞重量 2000kg、不同旋翼转速 (100％、90％和 80％) 时, 需用功率随前飞速度的变化。从整个需用功率曲线可看出, 减少旋翼转速可明显降低整个速度范围内直升机需用功率, 尤其是经济速度附近的功率, 较为有力地提升直升机航时和航程等性能指标。速度为 250km/h

时，旋翼转速减少 10%，旋翼需用功率降低 19.8%，小于旋翼直径减少 10% 所带来的功率降低 (降低 22.8%)。降低旋翼转速，减小了旋翼桨尖速度，并未改变桨盘载荷，对旋翼诱导功率和整机废阻功率影响不大，但可明显降低旋翼型阻功率。

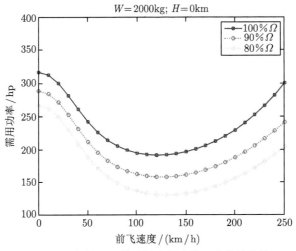

图 8.4　变转速旋翼需用功率随前飞速度的变化

图 8.5 给出了样例直升机在飞行高度 0km、起飞重量 2000kg、不同桨叶弦长 (100%、90% 和 80%) 时，需用功率随前飞速度的变化。类似于变转速旋翼，改变旋翼弦长可以在整个速度范围内减小直升机需用功率。速度为 250km/h 时，旋

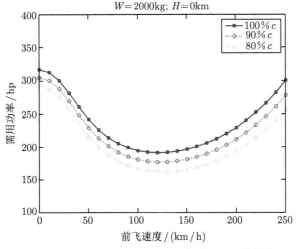

图 8.5　变弦长旋翼直升机需用功率随前飞速度的变化

翼桨叶弦长减少 10%，直升机需用功率降低 7.4%，明显小于变转速或者变直径在此速度时带来的功率降低。旋翼桨叶弦长对旋翼型阻功率有影响，对旋翼诱导功率和直升机废阻功率基本无影响。改变弦长所带来的功率降低较为有限，相比而言，改变旋翼转速更为有效。

图 8.6 给出了样例直升机在飞行高度 0km、起飞重量 2000kg、不同旋翼桨叶负扭 (−12°、−6° 和 0°) 时，需用功率随前飞速度的变化。减小桨叶负扭导致悬停时需用功率增加，从 −12° 负扭降到 0° 时，需用功率增加 3.8%，当前飞速度增加到 250km/h 时，需用功率反而降低 10.3%。因而可知，减小桨叶负扭将导致直升机悬停性能降低，同时会提升直升机的前飞性能，但幅值较为有限。与旋翼变转速和变直径相比，桨叶变负扭对功率的影响较为有限。

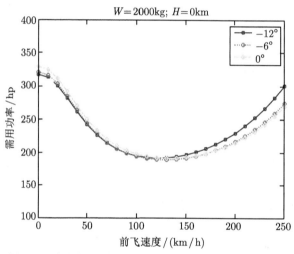

图 8.6   变负扭旋翼直升机需用功率随前飞速度的变化

通过以上各图可以看出，减少旋翼转速和桨叶弦长可以降低整个速度范围内的直升机需用功率，改变旋翼转速更为有效；改变旋翼直径，在低速和高速时呈现不同的特性，低速时减少旋翼直径反而可能增加需用功率，但可大幅降低大速度前飞时需用功率；改变旋翼桨叶负扭与改变旋翼直径类似，悬停和前飞时特性不尽相同。从改变的幅值可以看出，变直径和变转速旋翼对直升机需用功率的改变更为明显，将是较为有前途的旋翼变体技术。

8.4.3   需用功率提升对比

旋翼变体技术适用于直升机飞行状态变化较大情况，若飞行状态变化小，所取得的直升机性能提升将难以弥补旋翼变体技术所带来的对重量、强度、制造等引发的副作用。因此，需根据直升机的飞行状态 (重量、速度和高度) 变化，对各旋翼变体技术所取得的直升机性能提升进行探讨，以选择较优的旋翼变体技术。

在飞行高度 0km、起飞重量为 1500kg 时，各旋翼变体技术对应直升机需用功率随飞行速度变化曲线如图 8.7 所示。功率比定义为采用变体技术后的直升机需用功率与未采用变体技术时的直升机需用功率比值。非常明显，10% 的旋翼直径减少或者 −6° 的负扭减少均会导致低速及悬停时的旋翼需用功率增加，而旋翼转速或者桨叶弦长的减少仍然在全局范围内导致直升机需用功率的降低。变弦长和变负扭在全局范围内取得的功率节省较为有限。降低旋翼转速可大幅降低直升机需用功率，10% 的减少量可带来约 20% 中等速度时的需用功率节省。旋翼变直径技术在高速时效果明显，所取得的功率节省明显大于其他几种方式，适用于高速前飞。因而，旋翼变直径和变转速是两种较为有效的变体技术，若结合两者的优点，可达到全局范围内更优的直升机性能提升。

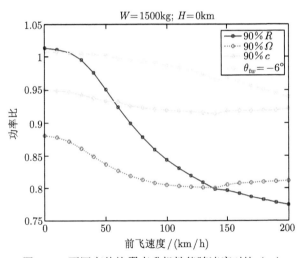

图 8.7　不同变体旋翼直升机性能随速度对比 (一)

随着直升机飞行高度的增加，大气密度变化较大，对直升机需用功率影响较大。直升机飞行高度由 0km 增加到 4km，大气密度下降 33.1%，而旋翼拉力系数则增加 49.5%，直升机飞行状态变化较大，为旋翼变体技术的应用提供了广阔的空间。图 8.8 给出在飞行高度 4km、起飞重量为 1500kg 时需用功率随前飞速度的变化曲线。从图中可以明显看出，各变体技术所取得的功率节省趋势与图 8.7 基本类似。负扭和弦长的影响进一步减弱，对直升机性能的提升作用降低。旋翼变转速和变直径对直升机功率节省的影响也降低，但很明显，随着飞行速度的增加，性能提升的效果持续增加。随着飞行高度增加，变体旋翼所取得的功率节省有所下降。由此可见，飞行状态的改变为直升机变体技术的应用提供了广阔的空间。

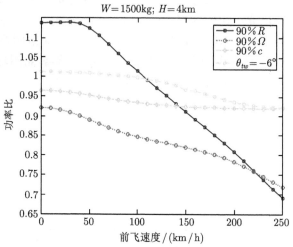

图 8.8　不同变体旋翼直升机性能随速度对比 (二)

8.5　本 章 小 结

为了对比不同旋翼变体技术对旋翼性能提升的效果，基于经典的旋翼功率预测方法构建了旋翼变体技术评价函数，主要对五种旋翼变体技术进行评估，包括旋翼变直径、旋翼变转速、桨叶变弦长、翼型变体和桨叶变扭转等。表 8.3 中列出了用于提升直升机性能的旋翼变体技术概念的等级。当旋翼型阻功率大于旋翼诱导功率的两倍时，旋翼变直径可以实现更佳的性能提升。应当指出，旋翼变体概念的应用取决于直升机的类型和飞行状态。

表 8.3　性能提升等级

等级	变体技术
1	旋翼变直径、旋翼变转速
2	桨叶变弦长、翼型变体
3	桨叶变扭转

为研究旋翼变体技术对直升机性能的提升作用，以旋翼动力学综合模型耦合机体模型为分析手段，对比了旋翼变直径、旋翼变转速、桨叶变弦长、桨叶变扭转对直升机性能的提升作用，并讨论了直升机起飞重量、前飞速度和飞行高度对功率节省的影响，通过本章的研究得到以下结论。

(1) 旋翼直径减少会导致悬停及小速度时直升机需用功率的增加，但会降低中等及大速度需用功率。旋翼直径减小将导致直升机的承载能力降低。

(2) 旋翼变转速和桨叶变弦长有助于提升直升机性能。10%转速所取得的功率节省明显优于 10%变弦长所取得的功率节省。

(3) 减小旋翼桨叶负扭会导致悬停及小速度时直升机需用功率增加，中等及大速度需用功率降低，12° 桨叶负扭的变化对需用功率的影响较为有限。

(4) 不同直升机起飞重量和飞行高度时，旋翼变体技术对直升机需用功率的对比分析表明，旋翼变转速明显优于旋翼桨叶变弦长和变负扭所取得的性能提升，大速度时旋翼变直径所取得的功率节省优于旋翼变转速技术。

总之，旋翼变体技术可用于提高直升机的性能指标，旋翼改变直径或者转速对直升机需用功率影响较大，将是较为有前途的直升机旋翼变体技术。

参 考 文 献

崔钊, 韩东, 李建波, 等. 2012. 加装格尼襟翼的自转旋翼气动特性研究. 航空学报, 33(10): 1791–1799.

崔钊, 韩东, 李建波. 2013a. 翼型加装格尼襟翼的高亚声速气动特性研究. 航空学报, 34(10): 2277–2286.

崔钊, 李建波, 赵洪. 2013b. 翼型加装格尼襟翼的低雷诺数气动特性实验研究. 实验流体力学, 27(4): 1–6.

韩东. 2013. 变转速旋翼直升机性能及配平研究. 航空学报, 34(6): 1241–1248.

韩东, 林长亮, 李建波. 2014. 旋翼变体技术对直升机性能的提升研究. 航空动力学报, 29(9): 2017–2023.

韩东, 张勇刚, 黄东盛. 2015. 变直径旋翼直升机飞行性能研究. 南京航空航天大学学报, 47(2): 252–258.

韩东, 董晨, 魏武雷, 等. 2018. 自适应旋翼研究进展. 航空学报, 39(4): 221603.

刘士明, 杨卫东, 董凌华, 等. 2014. 优化转速旋翼性能分析与应用. 南京航空航天大学学报, 46(6): 888–894.

倪同兵, 招启军, 马砾. 2017. 基于 IBC 方法的旋翼 BVI 噪声主动控制机理. 航空学报, 38(7): 120744.

孙超, 陆洋, 马锦超. 2016. 基于独立桨距控制的电控旋翼主动振动控制. 南京航空航天大学学报, 48(2): 251–255.

王超, 陆洋, 陈仁良. 2014. 直升机桨距主动控制对旋翼性能的影响. 航空动力学报, 29(8): 1922–1929.

徐明, 韩东, 李建波. 2013. 变转速旋翼气动特性分析及试验研究. 航空学报, 34(9): 2047–2056.

徐明, 李建波, 韩东. 2015. 转速优化旋翼的桨叶气动外形参数优化研究. 航空学报, 36(7): 2133–2144.

薛立鹏, 邵松, 张呈林. 2008. 变直径倾转旋翼设计研究. 机械科学与技术, 27(10): 1202–1206.

杨开天. 2006. 直升机主动控制技术发展研究. 航空科学技术, 5: 23–27.

张勇刚, 崔钊, 韩东, 等. 2016. 加装格尼襟翼旋翼的直升机飞行性能. 航空学报, 37(7): 2208–2217.

Arcidiacono P J. 1961. Theoretical performance of helicopters having second and higher harmonic feathering control. Journal of the American Helicopter Society, 5(2): 8–19.

Arcidiacono P, Zincone R. 1976. Titanium UTTAS main rotor blade. Journal of the American Helicopter Society, 21(2): 12–19.

Amri H, Feil R, Hajek M, et al. 2016. Possibilities and difficulties for rotorcraft using variable transmission drive trains. CEAS Aeronautical Journal, 7(2): 333–344.

Bae E S, Gandhi F. 2013. Rotor stall alleviation with active gurney flap// The American Helicopter Society 69th Annual Forum. Alexandria: American Helicopter Society.

Bae E S, Gandhi F, Maughmer D. 2009. Optimally scheduled deployments of miniature trailing-edge effectors for rotorcraft power reduction//The American Helicopter Society 65th Annual Forum. Alexandria: American Helicopter Society.

Bagai A. 2008. Aerodynamic design of the X2 technology demonstrator^{TM} main rotor blade. 64th Annual Forum Proceedings of the American Helicopter Society, Montreal.

Barbarino S, Farhan G, Steven D W. 2011. Design of extendable chord sections for morphing helicopter rotor blades. Journal of Intelligent Material Systems and Structures, 22(9): 891–905.

Baslamisli U, Ayan E, Yücekayali A. 2014. Tail rotor aerodynamic performance improvement with a gurney flap design. The 40th European Rotorcraft Forum, Southampton.

Blackwell R, Millott T. 2008. Dynamics design of the Sikorsky X2 technology^{TM} demonstrator aircraft. The 64th Annual Forum Proceedings of the American Helicopter Society, Montreal.

Banglore A, Sankar L N. 1996. Numerical analysis of aerodynamic performance of rotors with leading edge slats. Computational Mechanics, 17(5): 335–342.

Banglore A, Sankar L N. 1997. Forward-flight analysis of slatted rotors using Navier-Stokes methods. Journal of Aircraft, 34(1): 80–86.

Bernhard A P F, Chopra I. 2001. Analysis of a bending-torsion coupled actuator for a smart rotor with active blade tips. Smart Materials and Structures, 10(1): 35–52.

Bernhard A P F, Chopra I. 2002. Hover test of a mach-scale rotor model with active blade tips. Journal of the American Helicopter Society, 39(4): 273–284.

Bernhard A P F, Wong J. 2005. Wind-tunnel evaluation of a Sikorsky active rotor controller implemented on the NASA/ARMY/MIT active twist rotor. Journal of the American Helicopter Society, 50(1): 65–81.

Berry B, Chopra I. 2011. Wind tunnel testing for performance and vibratory loads of a variable-speed Mach-scale rotor. The 67th Annual Forum Proceedings of the American Helicopter Society, Virginia Beach.

Bowen-Davies G M, Chopra I. 2015. Aeromechanics of a slowed rotor. Journal of the American Helicopter Society, 60(3): 032011.

Brocklehurst A, Barakos G N. 2013. A review of helicopter rotor blade tip shapes. Progress in Aerospace Sciences, 56: 35–74.

Brocklehurst A, Steijl R, Barakos G N. 2008. CFD for tail rotor design and evaluation. In 34th European Rotorcraft Forum, Liverpool.

Brouwers E W, Zientek T A, Centolanza L R. 2015. Twist effect on rotor performance, loads and vibrations. In 71st Forum of the American Helicopter Society, Virginia Beach.

Buckanin R M, Herbst M K, Lockwood R A, et al. 1985. Airworthiness and flight characteristics test of a sixth year production UH-60A, USAAEFA Project No. 83–24.

Camocardi M E, Leo J M D, Delnero J S, et al. 2011. Experimental study of a NACA4412 airfoil with movable gurney flap//The 49th AIAA Aerospace Sciences Meeting including the New Horizons Forum and Aerospace Exposition. Washington DC: American Institute of Aeronautics and Astronautics.

Cesnik C E S, Hodges D H. 1997. VABS: A new concept for composite rotor blade cross-sectional modeling. Journal of the American Helicopter Society, 42(1): 27–38.

Chen P, Chopra I. 1997a. Hover testing of smart rotor with induced-strain actuation of blade twist. AIAA Journal, 35(1): 6–16.

Chen P, Chopra I. 1997b. Wind tunnel test of a smart rotor model with individual blade twist control. Journal of Intelligent Material System and Structures, 8(5): 414–425.

Cheng R P, Celi R. 2005. Optimum two-per-revolution inputs for improved rotor performance. Journal of Aircraft, 42(6): 1409–1417.

Cheng R P, Theodore C R, Celi R. 2003. Effects of two/rev higher harmonic control on rotor performance. Journal of the American Helicopter Society, 48(1): 18–27.

Davis S J. 1981. Predesign study for a modern 4-bladed rotor for the RSRA: NASA-TM-CR-166155. Washington: NASA.

Davis S J, Moffitt R, Quackenbush T R, et al. 1995. Aerodynamic design optimization of a varaiable diameter tilt rotor. Fort Wroth: 51st Annual Forum Proceedings of the American Helicopter Society.

Datta A, Yeo H, Norman T R. 2011. Experimental investigation and fundamental understanding of a slowed UH-60A rotor at high advanced ratios. The 67th Annual Forum Proceedings of the American Helicopter Society, Virginia Beach.

DiOttavio J, Friedmann D. 2010. Operational benefit of an optimal, widely variable speed rotor. The American Helicopter Society 66th Annual Forum. Alexandria: American Helicopter Society.

Dong C, Han D, Yu L. 2018. Performance analysis of variable speed tail rotors with Gurney flaps. Chinese Journal of Aeronautics, 31(11): 2104–2110.

Fradenburgh E A. 1979. Aerodynamic design of the Sikorsky S-76 Spirit^{TM} helicopter. Journal of the American Helicopter Society, 24(3): 11–19.

Fradenburgh E A, Matuska D G. 1992. Advancing tiltrotor state-of-the-art with variable diameter rotors. 48th Annual Forum Proceedings of the American Helicopter Society, Washington.

Friedmann P P. 2014. On-Blade control of rotor vibration, noise, and performance: Just around the corner?. Journal of the American Helicopter Society, 59(4): 041001.

Fürst D, Kebler C, Auspitzer T, et al. 2004. Closed loop IBC-system and flight test results on the CH-53G helicopter. The American Helicopter Society 60th Annual Forum, Baltimore.

Gandhi F, Eric H. 2015. Design, development, and hover testing of a helicopter rotor blade chord extension morphing system. Smart Materials and Structures, 24(3): 35024.

Garavello A, Benini E. 2012. Preliminary study on a wide-speed-range helicopter rotor/turbo shaft system. Journal of Aircraft, 49(4): 1032–1038.

George A R. 1978. Helicopter noise: State-of-the-art. Journal of Aircraft, 15(11): 707–715.

Germanowski P J, Stille B L, Strauss M P. 2010. Technology assessment for large vertical-lift transport tiltrotors. NASA CR-2010-216484.

Gessow A. 1947. Effects of rotor-blade twist and plan-form taper on helicopter hovering performance. NACA 1542.

Gessow A. 1948. Flight Investigation of effects of rotor-blade twist on helicopter performance in the high-Speed and vertical-autorotative-descent conditions. Technical Report NACA 1666.

Gibertini G, Zanotti A, Droandi G, et al. 2017. Experimental investigation of a helicopter rotor with gurney flaps. Aeronaut Journal, 121(1236): 191–212.

Gustafson F B, Gessow A. 1946. Effect of rotor-tip speed on helicopter hovering performance and maximum forward speed: NACA ARR L6A16. Washington: Langley Aeronautical Laboratory.

Gustafson F B, Gessow A. 1948. Analysis of flight-performance measurements on a twisted, plywood-covered helicopter rotor in various flight conditions: NACA TN1595. Washington: Langley Aeronautical Laboratory.

Guo W, Horn J F. 2009. Helicopter flight control with variable rotor speed and torque limiting. American Helicopter Society 65th Annual Forum Proceedings, Grapevine.

Han D. 2015. Pitch link loads reduction of variable speed rotors by variable tuning frequency fluidlastic isolators. Chinese Journal of Aeronautics, 28(5): 1408–1415.

Han D, Barakos G N. 2017. Variable tail rotor speeds for helicopters with variable main rotor speeds. Aeronaut Journal, 121(1238): 433–448.

Han D, Barakos G N. 2020. Rotor loads reduction by dynamically extendable chord. AIAA Journal, 58(1): 98–106.

Han D, Smith E C. 2009. Lagwise loads analysis of a rotor blade with an embedded chord wise absorber. Journal of Aircraft, 46(4): 1280–1290.

Han D, Smith E C. 2013. Lagwise dynamic analysis of a variable speed rotor. Aerospace Science and Technology, 29(1): 277–286.

Han D, Pastrikakis V, Barakos G N. 2016a. Helicopter flight performance improvement by dynamic blade twist. Aerospace Science and Technology, 58(1): 445–452.

Han D, Pastrikakis V, Barakos G N. 2016b. Helicopter performance improvement by variable rotor speed and variable blade twist. Aerospace Science and Technology, 54(1): 164–173.

Han D, Rahn C D, Smith E C. 2014. Higher harmonic pitch link loads reduction using fluidlastic isolators. Proceedings of the Institute of Mechanical Engineers Part G: Journal of Aerospace Engineering, 228(3): 455–469.

Han D, Wang J, Smith E C, et al. 2013. Transient loads control of a variable speed rotor during resonance crossing. AIAA Journal, 51(1): 20–29.

Han D, Wang H W, Gao Z. 2012. Aeroelastic analysis of a shipboard helicopter rotor with ship motions during engagement and disengagement operations. Aerospace Science and Technology, 16(1): 1–9.

Han D, Yang K, Barakos G N. 2018. Extendable chord for improved helicopter rotor performance. Aerospace Science and Technology, 80: 445–451.

Hilbert K B. 1984. A mathematical model of the UH-60 helicopter. NASA-TM-85890.

Hodges D H, Dowell E H. 1974. Nonlinear equations of motion for the elastic bending and torsion of twisted non-uniform blades. Washington: NASA TN D-7818.

Horn J F, Guo W. 2008. Flight control design for rotorcraft with variable rotor speed. American Helicopter Society 64th Annual Forum Proceedings, Montreal.

Jacklin S A, Blass A, Teves D, et al. 1995. Reduction of helicopter BVI noise, vibration, and power consumption through individual blade control//The American Helicopter Society 51st Annual Forum. Alexandria: American Helicopter Society.

Jacklin S A, Leyland J A, Blaas A. 1993. Full-scale wind tunnel investigation of a helicopter individual blade control system//The 34th AIAA/ASME/ASCE/AHS/ASC Structures, Structural Dynamics, and Materials Conference. Washington: AIAA.

Jain R, Yeo H. 2012. Effects of torsion frequencies on rotor performance and structural loads with trailing edge flap. Smart Materials and Structures, 21(8): 085026.

Jain R, Yeo H, Chopra I. 2010a. Computational fluid dynamics-computational structural dynamics analysis of active control of helicopter rotor for performance improvement. Journal of the American Helicopter Society, 55(4): 0420041–04200414.

Jain R, Yeo H, Chopra I. 2010b. Examination of rotor loads due to on-blade active controls for performance improvement. Journal of Aircraft, 47(6): 2049–2066.

Jain R, Yeo H, Chopra I. 2012. Investigation of trailing-edge flap gap effects on rotor performance using high-fidelity analysis. The 50th AIAA Aerospace Science Meeting Including the New Horizons Forum and Aerospace Exposition, Nashville.

Jameson A. 1991. Time Dependent Calculations Using Multigrid, with Applications to Unsteady Flows Past Airfoils and Wings. AIAA-91-1596.

Jeffrey D, Hurst D W. 1996. Aerodynamics of the gurney flap//The 14th AIAA Applied Aerodynamics Conference. Washington DC: American Institute of Aeronautics and Astronautics.

Jeffrey D, Zhang X, Hurst D W. 2000. Aerodynamics of gurney flaps on a single-element high-lift wing. Journal of Aircraft, 37(2): 295–301.

Johnson W. 1994. Helicopter Theory. New York: Dover Publications, Inc..

Johnson W. 1998. Rotorcraft dynamics models for a comprehensive analysis. Helicopter Society 54th Annual Forum, Washington.

Johnson W, Yamauchi G K. 2005. NASA Heavy lift rotorcraft systems investigations. NASA TP-2005-213467.

Jr Anderson J D. 2001. Fundamentals of aerodynamics. New York: McGraw-Hill Education.

Jr Boyd D D. 2009. Initial aerodynamic and acoustic study of an active twist rotor using a loosely coupled CFD/CSD method. 35th European Rotorcraft Forum, Hamburg.

Kang H, Saberi H, Grandhi F. 2010. Dynamic blade shape for improved helicopter rotor performance. Journal of the American Helicopter Society, 59(1): 032008.

Karem A E. 1999. Optimum speed rotor: U. S. Patent No. 6007298.

Karem A E. 2003. Optimum Speed Tiltrotor: U. S. Patent No. 6641365B2.

Kentfield J A C. 1993. The potential of gurney flaps for improving the aerodynamic performance of helicopter rotors//International Powered Lift Conference. Reston: AIAA.

Kessler C H. 2011. Active rotor control for helicopters: Individual blade control and swashplateless rotor design. CEAS Aeronautical Journal, 1: 23–54.

Khoshlahjeh M, Gandhi F. 2014. Extendable chord rotors for helicopter envelope expansion and performance improvement. Journal of the American Helicopter Society, 59(1): 0120071–01200710.

Khoshlahjeh M, Gandhi F, Webster S. 2011. Extendable chord rotors for helicopter envelope expansion and performance improvement. 67th Annual Forum Proceedings of the American Helicopter Society, Virginia Beach.

Kinzel M P, Maughmer M D, Lesieutre G A. 2007. Miniature trailing-edge effectors for rotorcraft performance enhancement. Journal of the American Helicopter Society, 51(2): 146–158.

Kody F, Corle B, Maughmer M D, et al. 2016. Higher-harmonic deployment of trailing-edge flaps for rotor performance enhancement and vibration reduction. Journal of Aircraft, 53(2): 333–342.

Kody F, Maughmer M D, Schmitz S. 2013. Non-harmonic deployment of active devices for rotor performance enhancement//American Helicopter Society 69th Annual Forum. Alexandria: American Helicopter Society.

Kumar D, Cesnik C E S. 2015. Performance enhancement and vibration reduction in dynamic stall condition using active camber deformation. Journal of the American Helicopter Society, 60(2): 022001.

Küfamann P, Bartels R, Wall B G. 2017. Rotor performance enhancement via localized pitch control and its effects on hub vibration and pitch link loads. CEAS Aeronautical Journal, 8: 181–196.

Leishman J G. 2006. Principles of Helicopter Aerodynamics. 2nd ed. Cambridge: Cambridge University Press.

Léon O, Hayden E, Gandhi F. 2009. Rotorcraft operating envelope expansion using extendable chord sections//The American Helicopter Society 65th Annual Forum. Alexandria: American Helicopter Society.

Leusink D, Alfano D, Cinnella P, 2015. Multi-fidelity optimization strategy for the industrial aerodynamic design of helicopter rotor blades. Aerospace Science and Technology, 42: 136–147.

Lewicki D G, Desmidt H, Smith E C, et al. 2010. Two speed gearbox dynamic simulation predictions and test validation. American Helicopter Society 66th Annual Forum Proceedings, Phoenix.

Li Y, Wang J, Zhang P. 2002. Effects of gurney flaps on a NACA0012 airfoil. Flow, Turbulence and Combustion, 68(1): 27–39.

Li Y, Wang J, Zhang P. 2003. Influences of mounting angles and locations on the effects of gurney flaps. Journal of Aircraft, 40(3): 494–498.

Liebeck R H. 1978. Design of subsonic airfoils for high lift. Journal of Aircraft, 15(9): 547–561.

Liu L, Friedmann P P, Kim I, et al. 2008. Rotor performance enhancement and vibration reduction in presence of dynamic stall using actively controlled flaps. Journal of the American Helicopter Society, 53(4): 338–350.

Liu L, Padthe A K, Friedmann P P. 2011. Computational study of microflaps with application to vibration reduction in helicopter rotors. AIAA Journal, 49(7): 1450–1465.

Liu T S, Javier M, Liou W, et al. 2007. Lift enhancement by static extended trailing edge. Journal of Aircraft, 44(6): 1939–1947.

Lorber P, Bagai A, Wake B E. 2006. Design and evaluation of slatted airfoils for improved rotor performance. The American Helicopter Society 62nd Annual Forum, Phoenix.

Lorber P, Hein B, Wong J. 2012. Rotor aeromechanics results from the Sikorsky active flap demonstration rotor. American Helicopter Society 68th Annual Forum, Fort Worth.

Lynn R R, Robinson F D, Batra N N, et al. 1970. Tail rotor design part I: aerodynamics, Journal of the American Helicopter Society, 15(4): 2–15.

Maisel M D, Giulianetti D, Dugan D. 2000. The history of the XV-15 tilt rotor research aircraft: from concept to flight. NASA SP-2000-4517.

Majeti R, Wall B, Balzarek C. 2021. Linearly variable chord-extension morphing for helicopter rotor blades. CEAS Aeronautical Journal, 12: 55-67.

Mcveigh M A, Mchugh F J. 1984. Influence of tip shape, chord, blade number, and airfoil on advanced rotor performance. Journal of the American Helicopter Society, 29(4): 55–62.

Menter F R, Egorov Y. 2006. SAS turbulence modelling of technical flows. Direct and Large-Eddy Simulation VI, 10: 687–694.

Min B Y, Sankar L N, Bauchau O A. 2016. A CFD-CSD coupled-analysis of hard II rotor vibration reduction using gurney flaps. Aerospace Science and Technology, 48: 308–321.

Min B Y, Sankar L N, Rajmohan N, et al. 2008. Computational investigation of the effects of gurney flap on forward flight characteristics of helicopter rotors. The 26th AIAA Applied Aerodynamics Conference, Honolulu.

Min B Y, Sankar L N, Rajmohan N, et al. 2009. Computational investigation of gurney flap effects on rotors in forward flight. Journal of Aircraft, 46(6): 1957–1964.

Mishra A, Baeder M. 2016. Coupled aeroelastic prediction of the effects of leading-edge slat on rotor performance. Journal of Aircraft, 53(1): 141–157.

Misté G A, Benini E. 2012. Performance of a turbo shaft engine for helicopter applications operating at variable shaft speed//Proceedings of the ASME 2012 Gas Turbine India Conference. New York: American Society of Mechanical Engineers.

Misté G A, Benini E, Garavello A, et al. 2015. A methodology for determining the optimal rotational speed of a variable RPM main rotor/turbo shaft engine system. Journal of the American Helicopter Society, 60(3): 320091–03200911.

Mistry M, Gandhi F. 2010. Performance improvement with variable rotor span and RPM. 66th Annual Forum Proceedings of the American Helicopter Society, Phoenix.

Mistry M, Gandhi F. 2014. Helicopter performance improvement with variable rotor radius and RPM. Journal of the American Helicopter Society, 59(4): 042010.

Monner H P, Opitz S, Riemenschneider J, et al. 2008. Evolution of active twist rotor design at DLR. 49thAIAA/ASME/ASCE/AHS/ASC Structures, Structural Dynamics and Materials Conference, Schaumburg.

Monner H P, Riemenschneider J, Opitz S, et al. 2011. Development of active twist rotors at the German aerospace center (DLR). 52th AIAA/ASME/ASCE/AHS/ASC Structures, Structural Dynamics and Materials Conference, Denver.

Myose R, Heron I, Papadakis M. 1996. The post-stall effect of gurney flaps on a NACA 0011 airfoil. American Technical Publishers LTD, 105(1): 173–178.

Nagata J I, Piotrowski J L, Young C J, et al. 1989. Baseline performance verification of the 12th year production UH-60A black hawk helicopter, USAAEFA Project No. 87–32.

Nelson J M, Koratkar N A. 2004. Micro-rotorcraft performance improvement using trailing-edge gurney flaps//The American Helicopter Society 60th Annual Forum. Alexandria: American Helicopter Society.

Nelson J, Koratkar N. 2005. Effect of miniaturized gurney flaps on aerodynamic performance of microscale rotors. Journal of Aircraft, 42(2): 557–560.

Neuhart D T, Pendergraft O C. 1988. A water tunnel study of gurney flaps, NASA-TM-4071. Hampton: NASA Langley Research Center.

Nguyen K, Chopra I. 1990. Application of higher harmonic control to rotors operating at high speed and thrust. Journal of the American Helicopter Society, 35(3): 78–89.

Nguyen K, Chopra I. 1992. Effects of higher harmonic control on rotor performance and control loads. Journal of Aircraft, 29(3): 336–342.

Norman T R, Theodore C, Shinoda P, et al. 2009. Full-scale wind tunnel test of a UH-60 individual blade control system for performance improvement and vibration, loads, and noise control. The American Helicopter Society 65th Annual Forum, Grapevine.

Osher S, Chakravarthy S. 1983. Upwind Schemes and Boundary Conditions with Applications to Euler Equations in General Geometries. Journal of Computational Physics, (50): 447–481.

Owen D R J, Hinton E. 1980. Finite Elements in Plasticity: Theory and Practice. Swansea: Pineridge Press.

Padfield G D. 2007. Helicopter Flight Dynamics: The Theory and Application of Flying Qualities and Simulation Modelling. 2nd ed. Oxford: Blackwell Publishing Ltd..

Palacios J, Kinzel M, Overmeyer A. 2014. Active gurney flaps: Their application in a rotor blade centrifugal field. Journal of Aircraft, 51(2): 473–489.

Pastrikakis V A, Steiji R, Barakos G N. 2016. Effect of active Gurney flaps on overall helicopter flight envelope. The Aeronautical Journal, 120(1230): 1230–1261.

Pastrikakis V A, Steijl R, Barakos G N, et al. 2015. Computational aeroelastic analysis of a hovering W3 sokol blade with gurney flap. Journal of Fluids and Structures, 53: 96–111.

Payne P R. 1958. Higher harmonic rotor control: The possibilities of third and higher harmonic feathering for delaying the stall limit in helicopters. Aircraft Engineering and Aerospace Technology, 30(8): 222–226.

Peters D A, HaQuang N. 1988. Dynamic inflow for practical applications. Journal of the American Helicopter Society, 33(4): 64–68.

Potsdam M, Fulton M V, Dimanlig A. 2010. Multidisciplinary CFD/CSD analysis of the smart active flap rotor. The American Helicopter Society 66th Annual Forum, Phoenix.

Prabhakar T, Gandhi F, Steiner J, et al. 2007. A centrifugal force actuated variable span morphing helicopter rotor. 63rd Annual Forum Proceedings of the American Helicopter Society, Virginia Beach.

Pritchard J A, Kunz D L. 2006. A redesigned tail rotor for improvement of CH-53E high-altitude performance. Journal of the American Helicopter Society, 51(3): 266–274.

Prouty R W. 2004. Should we consider variable rotor speeds?. Vertiflite, 50(4): 24–27.

Ravichandran K, Chopra I, Wake B E, et al. 2011. Trailing-edge flaps for rotor performance and vibration reduction. American Helicopter Society 67th Annual Forum &Technology Display, Virginia Beach.

Riemenschneider J, Opitz S. 2011. Measurement of twist deflection in active twist rotor. Aerospace Science and Technology, 15(3): 216–223.

Robinson L H, Friedmann P P. 1989. A study of fundamental issues in higher harmonic control using aeroelastic simulation. Journal of the American Helicopter Society, 36(2): 14–25.

Roget B, Chopra I. 2003. Individual blade control methodology for a rotor with dissimilar blades. Journal of the American Helicopter Society, 48(3): 176–185.

Roth D, Enenkl B, Dieterich O. 2006. Active rotor control by flaps for vibration reduction-full scale demonstrator and first flight test results. The 32th European Rotorcraft Forum, Maastricht.

Saribay Z B, Smith E C, Lemanski A J, et al. 2007. Compact pericyclic continuously variable speed transmission systems: Design features and high-reduction variable speed case studies. American Helicopter Society 63rd Annual Forum Proceedings, Virginia Beach.

Segel R M, Fradenbrugh E A. 1969. Development of the trac variable diameter rotor concept//AIAA/AHS VTOL Research, Design, and Operations Meeting. Atlanta: George Institute of Technology.

Sehgal A, Boyle E. 2004. Design and development of a four-bladed tail rotor system for the USMC H-1 up-grade program. Journal of the American Helicopter Society, 49(2): 99–108.

Shaw J, Albion N, Jr Hanker E J, et al. 1989. Higher harmonic control: Wind tunnel demonstration of fully effective vibratory hub force suppression. Journal of the American Helicopter Society, 34(1): 14–25.

Shin S, Cesnik C E S, Hall S R. 2005. Closed-loop test of the NASA/Army/MIT active twist rotor for vibration reduction. Journal of the American Helicopter Society, 50(2): 178–194.

Sikorsky I A. 1960. Aerodynamic parameters selection in helicopter design. Journal of the American Helicopter Society, 5(1): 41–60.

Sott M W. 1991. Summary of technology needs for high speed rotorcraft study. AIAA-91-2148-CP.

Spalart P R, Jou W H, Strelets M, et al. 1997. Comments on the feasibility of LES for wings, and on a hybrid RANS/LES approach. Proceedings of the 1st AFOSR International Conference On DNS/LES, Ruston.

Splettstoesser W R, Schultz K J, van der Wall B, et al. 2000. Helicopter noise reduction by individual blade control (IBC)-selected flight test and simulation results. The RTA-AVT Symposium.

Steijl R, Barakos G N. 2008a. Sliding mesh algorithm for CFD analysis of helicopter rotor-fuselage aerodynamics. International Journal for Numerical Methods in Fluids, 58(5): 527–549.

Steijl R, Barakos G N. 2008b. A computational study of the advancing side lift phase problem. Journal of Aircraft, 45(1): 246–257.

Steijl R, Barakos G N, Badcock K. 2006. A framework for CFD analysis of helicopter rotors in hover and forward flight. International Journal for Numerical Methods in Fluids, 51(8): 819–847.

Steiner J, Gandhi F, Yoshizaki Y. 2008. An investigation of variable rotor RPM on performance and trim//The American Helicopter Society 64th Annual Forum. Alexandria: American Helicopter Society.

Straub F K, Anand V R, Birchette T S, et al. 2009. Smart rotor development and wind tunnel test. The 35th European Rotorcraft Forum, Hamburg.

Swanson S M, Jacklin A, Blaas A, et al. 1994. Individual blade control effects on blade-vortex interaction noise//The American Helicopter Society 50th Annual Forum. Fairfax: American Helicopter Society.

Thakkar D, Ganguli R. 2006. Use of single crystal and soft piezoceramics for alleviation of flow separation induced vibration in a smart helicopter rotor. Smart Materials and Structures, 15(2): 331.

Thakkar D, Ganguli R. 2007. Induced shear actuation of helicopter rotor blade for active twist control. Thin-Walled Structures, 45(1): 111–121.

Traub L W, Mliller A C, Rediniotis O. 2006. Preliminary parametric study of gurney-flap dependencies. Journal of Aircraft, 43(4): 1242–1244.

van Albada G D, van Leer B, Roberts W W. 1982. A comparative study of computational methods in cosmic gas dynamics. Astronomy and Astrophysics, 108(1): 76–84.

Vu N A, Lee J W. 2015. Aerodynamic design optimization of helicopter rotor blades including airfoil shape for forward flight. Aerospace Science and Technology, 42: 106–117.

Walsh J L, Bingham G J, Riley M F. 1987. Optimization methods applied to the aerodynamics design of helicopter rotor blades. Journal of the American Helicopter Society, 32(4): 39–44.

Wang C, Lu W. 2014. Study on performance enhancement of electrically controlled rotor using 2/rev flap control. Proceedings of the Institution of Mechanical Engineers, Part G: Journal of Aerospace Engineering, 228(12): 2237–2244.

Wang J J, Li Y C, Choi K S. 2008. Gurney flap-lift enhancement, mechanisms and applications. Progress in Aerospace Science, 44: 22–47.

Wilbur M L, Yeager P H, Langston C W. 2002. Vibratory loads reduction testing of the NASA/Army/MIT active twist rotor. Journal of the American Helicopter Society, 47(2): 123–133.

Yee K, Joo W, Lee D H. 2007. Aerodynamic performance analysis of a gurney flap for rotorcraft application. Journal of Aircraft, 44(3): 1003–1014.

Yen J G. 1994. Effects of blade tip shape on dynamics, cost, weigh, aerodynamic performance, and aeroelastic response. Journal of the American Helicopter Society, 39(4): 37–45.

Yen J G, Reed J E. 1981. Higher harmonic control for helicopters with two-bladed and four-bladed rotors. Journal of Aircraft, 18(12): 1064–1069.

Yeo H. 2008. Assessment of active control for rotor performance enhancement. Journal of the American Helicopter Society, 53(2): 152–163.

Yeo H, Lim J W. 2002. Application of a slotted airfoil for UH-60A helicopter performance. The American Helicopter Society Aerodynamics, Acoustics, and Test and Evaluation Technical Specialist Meeting, San Francisco.

Yeo H, Bousman W G, Johnson W. 2004. Performance analysis of a utility helicopter with standard and advanced rotors. Journal of the American Helicopter Society, 49(3): 250–270.

Yeo H, Romander E A, Norman T R. 2011. Investigation of rotor performance and loads of a UH-60A individual blade control system. Journal of the American Helicopter

Society, 56(4): 042006.

You Y, Jung S N. 2017. Optimum active twist input scenario for performance improvement and vibration of a helicopter rotor. Aerospace Science and Technology, 63: 18–32.

Yu W, Volovoi V V, Hodges D H, et al. 2001. Validation of the variational asymptotic beam sectional analysis (VABS).42nd AIAA/ASME/ ASCE/AHS/ASC Structures, Structural Dynamics, and Materials Conference, Seattle.

Zhang Q, Hoffmann F, van der Wall B G, et al. 2009. Benefit studies for rotor with active twist control using weak fluid–structure coupling. The 35th European Rotorcraft Forum, Hamburg.

Zheng Z C, Ren G, Cheng Y M. 1999. Aeroelastic response of a coupled rotor/fuselage system in hovering and forward flight. Archive of Applied Mechanics, 69(1): 68–82.

索　引